U0167411

2021
水文发展年度报告

2021 Annual Report of Hydrological Development

水利部水文司　编著

中国水利水电出版社
www.waterpub.com.cn
·北京·

内 容 提 要

本书通过系统整理和记述 2021 年全国水文改革发展的成就和经验，全面阐述了水文综合管理、规划与建设、水文站网管理、水文监测管理、水情气象服务、水资源监测与评价、水质水生态监测与评价、科技教育等方面的情况和进程，通过大量的数据和有代表性的实例客观地反映了水文工作在经济社会发展中的作用。

本书具有权威性、专业性和实用性，可供从事水文行业的管理人员和技术人员使用，也可供水文水资源相关专业的师生或从事相关领域的管理人员阅读参考。

图书在版编目（CIP）数据

水文发展年度报告. 2021 / 水利部水文司编著. --
北京：中国水利水电出版社，2022.10
ISBN 978-7-5226-1046-7

Ⅰ. ①水… Ⅱ. ①水… Ⅲ. ①水文工作－研究报告－
中国－2021 Ⅳ. ①P337.2

中国版本图书馆CIP数据核字(2022)第192037号

书　名	**2021 水文发展年度报告** 2021 SHUIWEN FAZHAN NIANDU BAOGAO
作　者	水利部水文司 编著
出版发行	中国水利水电出版社 （北京市海淀区玉渊潭南路 1 号 D 座　100038）网址：www.waterpub.com.cn E-mail：sales@mwr.gov.cn 电话：(010) 68545888 (营销中心)
经　售	北京科水图书销售有限公司 电话：(010) 68545874、63202643 全国各地新华书店和相关出版物销售网点
排　版	山东水文印务有限公司
印　刷	山东水文印务有限公司
规　格	210mm×297mm　16 开本　8 印张　105 千字　1 插页
版　次	2022 年 10 月第 1 版　2022 年 10 月第 1 次印刷
印　数	0001—1000 册
定　价	**80.00 元**

主要编写人员

主　　编　　林祚顶

副主编　　李兴学　　章树安

主要编写人员（按单位顺序）

刘　晋	付于峰	李俊江	胡士辉	陆鹏程	白　葳
刘圆圆	刘建军	钱　宝	刘力源	朱　冰	李　硕
孙　龙	宋　凡	周　波	张　玮	王琳琳	徐　嘉
吴春熠	黄亚珏	王光磊	张明月	杨国军	王雲子
赵丽红	刘耀峰	崔其龙	王一萍	张　妹	王艳龙
陈　蕾	周瑜粼	张玉洁	金俏俏	徐润泽	张德龙
胡　彧	王　珺	刘　强	张　冰	程艳阳	聂红胜
温子杰	张　钢	陈晓斌	龚文丽	张彦成	马　华
王姝懿	扎西平措	张　刚	李少锋	黎　军	赵菁菁
伍云华	于　冬	杨　帆	许　丹	王洪迪	

协办单位

水利部水文水资源监测预报中心

长江水利委员会	江西省水利厅
黄河水利委员会	山东省水利厅
淮河水利委员会	河南省水利厅
海河水利委员会	湖北省水利厅
珠江水利委员会	湖南省水利厅
松辽水利委员会	广东省水利厅
太湖流域管理局	广西壮族自治区水利厅
北京市水务局	海南省水务厅
天津市水务局	重庆市水利局
河北省水利厅	四川省水利厅
山西省水利厅	贵州省水利厅
内蒙古自治区水利厅	云南省水利厅
辽宁省水利厅	西藏自治区水利厅
吉林省水利厅	陕西省水利厅
黑龙江省水利厅	甘肃省水利厅
上海市水务局	青海省水利厅
江苏省水利厅	宁夏回族自治区水利厅
浙江省水利厅	新疆维吾尔自治区水利厅
安徽省水利厅	新疆生产建设兵团水利局
福建省水利厅	山东水文印务有限公司

前　　言

　　水文事业是国民经济和社会发展的基础性公益事业，水文事业的发展历程与经济社会的发展息息相关。《水文发展年度报告》作为反映全国水文事业发展状况的行业蓝皮书，力求从宏观管理角度，系统、准确阐述年度全国水文事业发展的状况，记述全国水文改革发展的成就和经验，全面、客观反映水文工作在经济社会发展中发挥的重要作用，为开展水文行业管理、制定水文发展战略、指导水文现代化建设等提供参考。报告内容取材于全国水文系统提供的各项工作总结和相关统计资料以及本年度全国水文管理与服务中的重要事件。

　　《2021 水文发展年度报告》由综述、综合管理篇、规划与建设篇、水文站网管理篇、水文监测管理篇、水情气象服务篇、水资源监测与评价篇、水质水生态监测与评价篇、科技教育篇等 9 个方面，以及"2021 年度全国水文行业十件大事""2021 年度全国水文发展统计表"组成，供有关单位和读者参阅。

水利部水文司

2022 年 6 月

目　　录

第一部分

综 述

　　2021 年是中国共产党成立 100 周年，是"十四五"开局之年，是开启全面建设社会主义现代化国家新征程的第一年，在党和国家历史上具有重要的里程碑意义。2021 年 1 月 1 日 0 时至 2030 年 12 月 31 日 24 时，长江实行暂定为期 10 年的常年禁渔，期间禁止天然渔业资源的生产性捕捞。2021 年 3 月 1 日，我国首部流域法《中华人民共和国长江保护法》（简称《长江保护法》）正式施行，守护母亲河有法可依，标志着长江保护治理迈入依法实施新阶段。10 月 20—22 日，习近平总书记来到山东省东营市，考察黄河入海口，并在济南市主持召开深入推动黄河流域生态保护和高质量发展座谈会。12 月 23 日，全国人大常委会组成人员分组审议《中华人民共和国黄河保护法（草案）》，就草案如何完善提出意见建议。习总书记强调，长江、黄河两条母亲河养育了中华民族，孕育了中华民族的民族精神。中华民族世世代代在长江、黄河流域繁衍发展，一直走到今天。新时代，我们要把保护治理母亲河这篇文章继续做好。

　　2021 年，全国水文系统认真贯彻党中央国务院会议文件精神和水利部党组工作要求决策部署，迎难而上、真抓实干，推动各项工作取得新进展。

　　一是水文测报工作成绩突出。2021 年，全国共发生 12 次编号洪水，黑龙江上游、海河流域卫河上游发生特大洪水，松花江发生流域性较大洪水，长江上游和汉江、黄河中下游、海河南系等发生罕见秋汛，珠江流域东江、韩江发生 60 年来最严重旱情。全国水文系统精心组织，周密部署，全力做好水文测报工作，汛期共采集雨水情信息 27.2 亿条，共发布 1374 条河流、2233 个重要断面、44.2 万站次洪水预报成果，水情预警 1653 次；累计出动应急监测队 4798 次，抢测洪水 8490 场次，开展洪水调查 480 次，充分发挥了"哨兵"和"耳目"作用，为打赢抗击严重水旱灾害的硬仗提供了坚实支撑。

二是水文规划建设成效显著。水利部印发《水文现代化建设规划》，水利部、国家发展改革委联合印发《全国水文基础设施建设"十四五"规划》，明确了水文现代化建设的总体思路和布局，确定了建设目标、主要任务和重点项目，为"十四五"和今后一段时期水文建设和发展提供了重要依据。水文投资强度明显加大，安排 2481 处水文测站、水文巡测基地和水质实验室提档升级建设，共落实水文基础设施建设投资 21.5 亿元。编制印发《水文现代化建设典型设计》，加大现代技术装备应用指导力度。修订《水文设施工程验收管理办法》，加强水文设施工程验收管理。

三是水文行业管理不断深化。水利部印发《百年水文站认定办法（试行）》并启动认定工作。各地共办理 252 件水文测站设立与调整等审批事项，完成公众咨询和政府信息公开申请办理 1745 件，不断提高行政审批和政务公开办理水平。8 个省级水文机构改革方案得到批复。陕西省实现全省市级行政区域水文机构设置全覆盖，北京市水文总站加挂北京市水务局水质水生态监测中心牌子，四川省 10 个水文分支机构加挂水旱灾害联防联控监测预警中心牌子，河北省水利厅与雄安新区管理委员会筹建雄安新区水文勘测研究中心。

四是水文服务支撑明显加强。水利部印发《河湖生态流量监测预警技术指南（试行）》，推动建立生态流量监测预警机制。开展华北地区地下水超采综合治理 22 个补水河湖和滹沱河、大清河（白洋淀）夏季生态补水水文监测分析。水利部首次与市场监管总局等五部门联合开展全国检验检测机构监督抽查。水生态监测工作持续推进，在长江口、黄河河口三角洲湿地、白洋淀等全国 248 个水域开展水生生物监测与调查。《地下水动态月报》《全国地下水超采区水位变化通报》等信息服务成果，为开展重点区域地下水超采治理等工作提供了重要支撑。全国水文系统共编制各类水文水资源分析评价报告成果 7600 余份。

五是水文科技创新和国际合作取得突破。全国水文系统立项省部级重点科研项目 9 项，获得省部级以上科技奖 21 项，其中水利部交通运输部国家能源局南京水利科学研究院（简称南科院）承担的水文科研项目获大禹水利科技进步特等奖；黄河水利委员会（简称黄委），安徽、山东水文部门分别获得大禹水利科技进步一等奖，江西水文部门荣获江西省科技进步一等奖。长江水利委员会（简称长江委）、黄委、淮河水利委员会（简称淮委）、海河水利委员会（简称海委）等流域管理机构及浙江、福建、重庆、贵州等省（直辖市）构建试点河流数字流域模型，搭建具有"四预"功能的河湖水文映射场景，实现洪水过程的数字流场映射和模拟推演，在 2021 年洪水防御中得到初步应用，取得预期效果。中国水文专家首次成功当选联合国教科文组织政府间水文计划理事会主席。积极参与制定政府间水文计划第九阶段战略计划，提升中国水文国际影响力。

六是水文宣传和精神文明建设成果丰硕。人民日报、新华网及央视等主流媒体广泛报道水文测报工作，省级以上电视台及其他媒体全年报道水文工作 3000 余次。全国多家水文单位荣获各项荣誉称号和表彰。安徽省水文局宣城水文勘测队党支部被中共中央授予"先进基层党组织"荣誉称号，云南省水文水资源局荣获"全国水利扶贫先进集体"，广东省水文局佛山市水文分局水情科、河南省安阳市水文分局水质科被评为"全国青年文明号"，山西大同水文站职工书屋荣获中华全国总工会"职工书屋"称号。全国多名水文职工分获五一劳动奖章、全国技术能手、国家技能人才培育突出贡献等个人称号。

第二部分

综合管理篇

2021 年，全国水文系统深入贯彻习近平总书记"节水优先、空间均衡、系统治理、两手发力"治水思路和关于治水重要讲话指示批示精神，完整、准确、全面贯彻新发展理念，落实全国水利会议精神和水文工作会议部署，持续推进水文政策法规和体制机制建设、加大水文经费投入与国际交流合作、加强水文行业宣传和精神文明建设，水文行业管理迈出新步伐。

一、部署年度水文工作

3 月 15 日，水利部在北京召开 2021 年水文工作会议。水利部副部长魏山忠出席会议并讲话，水利部机关有关司局、在京直属有关单位负责人在主会场参加会议，各流域管理机构、各省（自治区、直辖市）水利（水务）厅（局）和新疆生产建设兵团水利局分管水文工作负责同志以及水文部门主要负责同志在分会场参加会议。魏山忠副部长充分肯定了"十三五"期间水文工作在水文测报、基础建设、服务支撑、行业管理和文化建设等各方面工作取得的巨大成就，强调要准确把握"十四五"水文发展面临的新形势、新要求，进一步明确水文工作目标和任务，以推进水文现代化为抓手，以完善站网布局和提升自动监测水平为主线，以强化水文科技创新为重点，以深化体制机制改革为保障，抓住机遇、加快发展，不断开创水文工作新局面。要求全国水文系统围绕"十四五"水文工作总体目标，着力抓好五个方面的重点任务，一是构建现代化国家水文站网，满足新发展阶段要求；二是推进水文监测自动化，全面提升水文支撑能力；三是推进水文预报预警实时化，强化水旱灾害防御支撑；四是推进水文信息分析评价智能化，满足水资源水生态水环境管理需求；五是推进水文发展保障长效化，夯实水文现代化发展基础。

全国水文系统认真学习贯彻落实水文工作会议精神，各省（自治区、直辖市）锚定年度发展目标，结合实际研究制定各项目标任务的实施方案和具体措施，部署重点工作。江苏省3月24日在南京市召开全省水文工作会议，提出要重布局、构建覆盖全面的现代站网体系，重监测、提升智能感知的河湖监视能力，重服务、提供专业精准的水文信息产品，重管理、推行精细高效的运行管理模式。云南省3月24日召开全省水文工作会议，提出加快推进水文现代化步伐，认真做好水旱灾害防御水文测报，不断提升水文服务支撑能力，不断提升水文事业发展保障，扎实推进全面从严治党，不断开创云南水文高质量发展新局面。甘肃省3月25日在兰州市召开全省水文工作会议，要求持续在党建引领水文事业发展上下大功夫，在水文测报主责主业上精耕细作，在支撑保障水利中心工作上优化服务，在推进水文改革攻坚上力求突破。陕西省3月30日在西安召开全省水文工作会议，提出提高政治站位、强化责任担当，强化手段、加快水文现代化步伐，注重队伍建设和干部培养。山东省4月2日在济南市召开全省水文工作视频会议，指出要准确把握工作定位，切实提高站位，全面提升水文支撑保障能力，着力补齐水文短板、着力强化水文管理、着力推进全面从严管党治党、着力做好安全生产。广东省4月8日在广州市召开全省水文工作会议，强调要坚持服务民生这个根本目的，要瞄准智慧水文这个主攻方向，要突出行业管理的内在要求，要强化从严治党这个根本保证，不断开创水文工作新局面。河南省4月13日在信阳市召开全省水文工作会议，提出以保障经济社会发展为己任，进一步提升水文服务水平；以水文现代化建设为抓手，进一步加快水文改革创新；以专业化人才为保障，进一步加快水文队伍建设；以党史教育为契机，进一步强化党的建设。

二、政策法规体系建设

1. 优化政务服务

按照国务院关于全国一体化在线政务服务平台和国家"互联网＋监管"系统建设要求和统一部署，水利部持续完善在线政务服务平台建设，推进政务服务标准化规范化，修订完善水文相关行政审批事项的服务指南、工作细则，做好"一网通办"数据实时性改造，提升"网上办"效率，做好水文行政审批事项时限预警相关工作。

行政审批方面，天津市于 2021 年 8 月正式将"国家基本水文站上下游建设影响水文监测的工程"纳入天津市行政审批事项，适用于天津市所辖国家基本水文站和专用水文站，为更好地保护水文监测设施提供了依据。河北省水文部门深入推进"放管服"改革，进一步完善了水文测站审批的办事指南，规范审批流程、压缩审批时限、精简申报材料、提高技术审查工作效率。

2021 年，水利部完成 1 项国家基本水文测站设立和调整的审批，各流域管理机构完成 119 项国家基本水文测站上下游建设影响水文监测的工程审批。各地进一步规范水文行政审批工作，加强水文测站报批报备管理，促进水文站网稳定发展。河北、辽宁、黑龙江、上海、江苏、浙江、广东、广西、四川、陕西、甘肃、云南、新疆等省（自治区、直辖市）共完成 35 项国家基本水文测站的设立和调整审批并报水利部备案；河北、山西、内蒙古、辽宁、浙江、安徽、福建、江西、湖南、贵州、陕西等省（自治区）共完成 60 项国家基本水文测站上下游建设影响水文监测的工程审批；黑龙江、福建、江西、广东、广西、云南、陕西、甘肃等省（自治区）共完成 37 项专用水文测站的审批。

政务信息公开方面，各地共完成公众咨询和政府信息公开申请办理 1745 件。北京市水文部门全年办理"接诉即办"80 件，帮助 47 人次解决水文技术方面的咨询或提供相关水文分析数据，充分发挥水文事业的公益性。浙江省水文部门积极推进"最多跑一次"改革，通过浙江政务服务网依申请发布的形式，落实专人负责受理群众网上办事事项，受理、审查、审批一系列程序三日内完成，以"数据传输"代替"群众跑腿"，一网通办、一次办成，实现公众查阅水文资料"跑零次"，全年受理水文资料查阅、使用服务90次，提供4945个站年、310万个水文数据，群众满意率100%，全力为社会公众查阅水文资料提供优质服务。安徽省水文部门全年共办理水文水资源数据信息和水文年鉴资料查询、抄录服务50件。

2. 强化水行政执法

全国水文系统持续推进《中华人民共和国水文条例》的贯彻落实，积极开展水文法制宣传，加强水行政执法力度，依法维护水文合法权益，保护水文监测环境和水文设施。2021年，黄委、淮委、太湖流域管理局（简称太湖局）等流域管理机构和北京、安徽、江西、山东、河南、湖北、湖南、陕西等省（直辖市）水文部门受各水行政主管部门委托，开展水文监测环境和设施保护执法、河湖执法、非法采砂暗访执法、"清四乱"专项行动、扫黑除恶专项行动等水行政执法工作，全年共参与和开展执法巡查、专项调查、暗访等执法行动8035次、出动人员50135人次，发现水事违法违规行为191起，有力保障了水文监测工作的正常开展。

黄委水文局牵头开展了水行政执法监督专项检查，与陕西黄河河务局、三门峡水利枢纽管理局组成第四督导组对西安市灞桥区，延安市延长县，榆林市绥德县、神木县进行了实地督查，查阅有关资料、查看"四乱"等违建现场，全面完成对陕西省水行政执法的监督。组织开展了水文监测保护区日常河道巡查和汛前、汛后定期河道巡查，全局共出动2000多人次，行程3万多km，共发现影响水文监测违法行为44起，查处率100%。巡查过程中，共清除水文监测保护区内违规新种植树苗300余棵，再生树苗80余棵。2021年5月重点查处山西省垣曲县水利局建设西阳河综合整治工程影响桥头水文站水文监测案，黄委政法局、水文局、河南水文水资源局三级执法队伍多次现场执法，维护桥头水文站合法权益。

淮委水文监察支队以淮河流域省界断面水资源监测站网运行管理、淮委骆马湖水文巡测基地建设管理为抓手，定期对测站保护范围内影响水文测验的相关活动进行现场监督检查，并依托测站视频监控系统辅以远程巡查，依法保障水文监测正常开展。全年支队共外出巡查21次，出动人员34人次、车辆17次，巡查监管对象36个。支队积极组织常态化业务学习，不断强化队员业务素质，9名队员全部顺利通过了淮委水政监察人员2021年任前考核。

松辽水利委员会（简称松辽委）水政监察总队制定了《水行政执法巡查制度》和《水行政执法巡查方案》，并严格按照制度和方案贯彻落实，及时发现并制止水事违法案件的发生，有效维护了水文测报工作的稳定有序开展。2021年黑龙江上游水政支队对黑龙江干流上游及额尔古纳河沿线水文站开展了执法巡查；黑龙江中游水文监察支队对黑龙江干流中游太平沟水文站、抚远水文站和乌苏里江干流虎头水文站、海青水文站管理范围内水文基础设施组织开展了不定期巡查，本年度共开展4次巡查；嫩江水文监察支队对嫩江干流所属12个水位站及78个自动雨量站所有水文设施设备进行全面系统的核查，依法保护水文设施设备。

太湖局水文局按照职责分工，承担太湖锡常湖段水域岸线、太湖省界河湖、钱塘江省界河道、交溪省界河道、太湖湖区岛屿范围内水文监测设施及水文监测环境保护范围的巡查检查任务，结合职责范围内重要河湖水事巡查检查工作，全面排查侵占、毁坏水文监测设施以及在水文监测环境保护范围内从事影响水文监测的活动。及时发现新增水事违法行为22起，跟踪督办陈年积案8起，通报并督促地方水行政主管部门依法进行查处，已依法处置的违法行为16起，正在依法处置的违法行为6起，有效实现了违法行为消存量、遏增量。全年开展巡查检查77次，出动执法人员161次，巡查行程1100余km，全力维护流域重要河湖水事秩序。

　　江西省组织各流域中心加大巡查力度，开展专项检查、定期巡查、不定期抽查。对于违法行为事件，依法分类协商处理，并定期组织回头看。全年共开展巡查1461次，出动人员3355人次，巡查站次1842次，发现问题56起，当场整改38起，向当地水行政主管部门报告20起。2021年6月20日，大屋场雨量站被铜鼓县棋枰镇大梅村施工队破坏，造成雨量数据中断，依据《中华人民共和国水文条例》和《江西省水文管理办法》，赣江下游水文水资源监测中心迅速进行维权，要求当地有关部门督促棋坪镇大梅村15天内重建还原该站，最终大梅村按要求在期限内完成还原重建工作，大屋场雨量站恢复正常运行。

　　河南省2021年共开展水行政执法300多次，出动人员21000余人次，巡查河道近22万km，现场制止及查处案件37个。4月，扶沟县奥德燃气有限公司在城市燃气管道铺设施工期间，挖断扶沟水文站连通河道主河槽测验仪器通信线缆，对水文站日常报汛及地区防汛测报造成严重影响；5月，周口水文局水政监察大队执法队员会同豫东局水政监察执法支队、扶沟水利局和扶沟水文站相关同志赶赴现场勘查取证，并与奥德燃气有限公司相关工程负责人进行交涉；经过协商，双方就仪器通信线缆恢复等问题达成共识并责成施工方尽快恢复，截至5月12日，被破坏设备已全部恢复正常使用。5月8日，漯河水文局临颍测区水政监察员在日常巡查时发现王岗水文巡测站测验断面有大量垃圾堆积，导致断面无法开展流量测验；5月9日，王岗镇召开乡村两级清潩河河长督办会，明确分工、责任以及整改时限和整改标准；自5月10日起，王岗镇组织5名清洁工和一辆垃圾清运车开展河道清理工作，至5月13日，河道中垃圾已全部清理完毕，断面流量测验恢复正常。

　　湖北省结合汛前准备检查和水文站点设施养护巡检开展定期、不定期执法巡查，加大巡查密度，全省水文水政监察队伍巡查河道长度2256.2km，巡查对象3034个，出动执法车辆1227车次，执法人员2834人次，及时发现制止各类水事违法行为26起。深入开展常态化扫黑除恶斗争，以《长江保护法》宣贯为契机，以河道非法采砂专项整治暨打击整治涉砂违法犯罪专项行动为抓手，长江河道采砂管理荆州基地和黄冈基地采取巡查和联合执法打击非法采砂，全年共出动执法人员 1773 人次，执法船艇 166 次，出动执法车 130 次，共计抓获非法采、运砂船只 69 艘，配合砂管局开展执法行动 16 次，联合其他部门开展执法行动 44 次。同时，重点对荆州市许可采区吹填现场、航道疏浚砂综合利用现场、消化本籍采砂船舶拆解现场和宜昌市采砂船舶集中停靠等情况加强监督；对嘉鱼、赤壁、洪湖等易发生小范围偷采的交界敏感水域多次突击暗访；组织对宜昌、荆州、咸宁各船舶集中监管点进行了专项检查。

广西壮族自治区根据《广西壮族自治区河湖（库）执法工作方案》要求，按月巡查水文监测环境和设施设备，确保水文监测工作正常开展。全年巡查河段（水文站）670 处，出动人员 16982 人次，累计巡河长度约 13633km，发现问题 258 个，巡查率 100%。

重庆市依据水文条例等法规及时迅速处置金子水文站的高速公路工程施工方侵权行为，并督促施工方进行整改。金子水文站位于云阳县江口镇金子村汤溪河，为国家基本水文站。2021 年 8 月 9 日，高速公路工程施工方违规将大量工程弃土弃渣在金子水文站测验断面左岸直接倾倒入河，并在左岸形成大方量堆积区，破坏了金子水文站的水文监测条件，影响了当地水环境水生态，存在严重安全隐患。案件发生后，重庆市水文总站相关工作人员多次与高速公路施工单位联系，要求施工方立即停止施工进行整改，但施工方采取回避、拖延态度继续施工。当时正值主汛期，多次协调无果后，重庆市水文总站将此情况呈报市河长办。市河长办赴现场召开了由云阳县检察院、公安局、水利局、河长办和江口镇政府、高速公路施工单位、市水文总站等单位参加的协调会议，要求高速公路施工单位在规定时间内清除弃土，消除安全隐患。会后，施工单位及时清除了金子水文站测验断面周边的弃渣弃土，并承诺在下一步施工过程中不再出现问题。

陕西省加强全省水文系统水政监察队执法巡查，2021年出动人员680人次，出动车辆332车次，巡查河道5128km，巡查监管对象286个，现场制止、要求整改、批评教育侵犯水文测报环境、影响水文测报秩序的事件11起，有力地保障了水文工作正常开展。

甘肃省水文站在2021年4月发现位于兰州市雁滩公园的雁滩地下水自动监测井在"读者印象"精品街区项目（兰州市重大项目）建设施工过程中被毁坏。依据《中华人民共和国水文条例》等法律法规，甘肃省水文站于4月26日以《关于尽快解决处理国家地下水监测井毁坏问题的函》函告"读者印象"精品街区项目指挥部，要求立即停止毁坏行为，尽快采取补救措施，于5月底前恢复雁滩地下水自动监测井。项目承建方在甘肃省水文站的监督指导下于5月31日前完成雁滩地下水自动监测井的全部恢复建设工作。6月2日，甘肃省水文站组织甘肃省兰州水文站、兰州市水务局等相关单位和专家进行了现场验收，一致同意通过验收。经2个月的试运行，8月12日，甘肃省水文站以《关于雁滩国家地下水监测井恢复工程验收的函》（甘水文函〔2021〕4号）函告项目承建方，同意工程验收合格。

3.加快法规制度建设

全国水文系统持续推进水文法规及制度建设。2021年，地方水文立法进程取得新进展。11月16日，《南通市水文管理办法》经南通市人民政府第80次常务会议讨论通过，并于12月20日正式发布（图2-1），自2022年3月1日起施行。1月18日，浙江省水利厅印发《浙江省水利旱情预警管理办法（试行）》，并于2021年2月18日开始施行。山东省大力推进政策法规体系建设，7月27日，山东省水利厅修订印发《山东省区域用水总量监测办法》，自2021年9月1日起施行；4月13日，济宁市人民政府修订《济宁市水文管理办法》，自2021年5月13日起施行；3月25日，寿光市人民政府出台《寿光市水文管理办法》，自2021年5月1日起施行；此外，1个设区市、11个县区、4个乡镇

图 2-1　南通市人民政府印发的《南通市水文管理办法》

人民政府出台了《关于进一步加强水文工作的意见》，潍坊市人民政府办公室印发实施《关于创建潍河流域水文高质量发展示范先行区的实施意见》，进一步提高水文服务经济社会发展的能力和水平，济宁市嘉祥县人民政府办公室出台了《关于对水文监测设施及保护范围划定的通知》，加强水文设施设备管理，依法保护水文设施设备。广东省深圳市水务局印发了《深圳市水文管理办法》，自 2021 年 10 月 21 日起施行，加强和规范水文站点的建设和水文测报工作，加大水文设施设备和测验环境的保护力度。海南省积极推动《海南省水文条例》立法工作，重新成立海南省水文条例编制小组，对原有《海南省水文规定》进行修编，目前《海南省水文条例》已上报海南省水务厅。四川省大力推进《四川省水文条例》立法工作，成立工作专班，完成了调研、评估、起草等工作，目前《四川省水文条例》已列入省政府 2022 年度"制定类"立法项目。

江西省加强重大决策合法性审查，提升依法行政能力。常态化开展重大决策合法性审查，全年通过法律顾问把关审核通过了 18 份合同协议及规章制度，为水文业务工作顺利开展提供了法律保障。

截至 2021 年年底，全国有 26 个省（自治区、直辖市）制（修）订出台了水文相关政策文件（表 2-1）。

表2-1　地方水文政策法规建设情况表

省（自治区、直辖市）	行政法规		政府规章	
	名　称	出台时间 /（年 - 月）	名　称	出台时间 /（年 - 月）
河北	《河北省水文管理条例》	2002-11		
辽宁	《辽宁省水文条例》	2011-07		
吉林	《吉林省水文条例》	2015-07		
黑龙江			《黑龙江省水文管理办法》	2011-08
上海			《上海市水文管理办法》	2012-05
江苏	《江苏省水文条例》	2009-01		
浙江	《浙江省水文管理条例》	2013-05		
安徽	《安徽省水文条例》	2010-08		
福建			《福建省水文管理办法》	2014-06
江西			《江西省水文管理办法》	2014-01
山东			《山东省水文管理办法》	2015-07
河南	《河南省水文条例》	2005-05		
湖北			《湖北省水文管理办法》	2010-05
湖南	《湖南省水文条例》	2006-09		
广东	《广东省水文条例》	2012-11		
广西	《广西壮族自治区水文条例》	2007-11		
重庆	《重庆市水文条例》	2009-09		
四川			《四川省〈中华人民共和国水文条例〉实施办法》	2010-01
贵州			《贵州省水文管理办法》	2009-10
云南	《云南省水文条例》	2010-03		
西藏			《西藏自治区水文管理办法》	2020-08
陕西	《陕西省水文条例》（2019年修订）	2019-01		
甘肃			《甘肃省水文管理办法》	2012-11
青海			《青海省实施〈中华人民共和国水文条例〉办法》	2009-02
宁夏			《宁夏回族自治区实施〈中华人民共和国水文条例〉办法》	2010-09
新疆			《新疆维吾尔自治区水文管理办法》	2017-07

三、机构改革与体制机制

1.水文机构改革

各地水行政主管部门不断深化水文体制机制改革，健全完善市县水文机构，保障水文工作更好支撑和服务地方经济社会发展。全国31个省份中，北京、天津、河北、山西、内蒙古、辽宁、黑龙江、上海、浙江、安徽、福建、江西、山东、河南、湖北、湖南、广东、广西、重庆、四川、贵州、云南、陕西、甘肃、青海和宁夏等26个省（自治区、直辖市）基本完成水文机构改革，其他5个省（自治区）提出了水文机构改革方案。总体来看，有如下特点。

在机构名称上，河北省水文水资源勘测局、内蒙古自治区水文总局、黑龙江省水文局、浙江省水文局、福建省水文水资源勘测局、江西省水文局、湖北省水文水资源局、湖南省水文水资源勘测局、广西壮族自治区水文水资源局、陕西省水文水资源勘测局、宁夏回族自治区水文水资源勘测局已分别改名为河北省水文勘测研究中心、内蒙古自治区水文水资源中心、黑龙江省水文水资源中心、浙江省水文管理中心、福建省水文水资源勘测中心、江西省水文监测中心、湖北省水文水资源中心、湖南省水文水资源勘测中心、广西壮族自治区水文中心、陕西省水文水资源勘测中心、宁夏回族自治区水文水资源监测预警中心。重庆水文监测总站、山西省水文水资源勘测局已分别改名为重庆水文监测总站、山西省水文水资源勘测总站，甘肃省水文水资源局改名为甘肃省水文站。其他省（自治区、直辖市）机构名称保持不变。

在机构规格上，共有16个省级水文机构为正、副厅级单位或配备副厅级领导干部，其中，辽宁省水文部门为正厅级，内蒙古、吉林、黑龙江、浙江、安徽、江西、山东、湖北、湖南、广东、广西、四川、贵州、新疆等14个省（自治区）水文部门为副厅级，云南省水文部门配备副厅级干部。地市级水文机构规格基本保持稳定，全国有24个省（自治区、直辖市）地市级水文机构为正处级或副处级单位。

在行政管理上，贵州省和四川省2个省水利厅单独设立水文处，北京、山西、辽宁、吉林、福建、山东、河南、湖北、重庆、西藏、陕西和青海等12个省（自治区、直辖市）水利（水务）厅（局）将水文与水旱灾害防御或水资源管理职能合并设立有关水文职能处，安徽省和上海市2个省（直辖市）的水文工作由水利厅党组直接领导，其他15个省（自治区、直辖市）在水利厅（局）明确了归口管理水文工作的职能处。

长江委依据《长江水利委员会关于水文局长江水文技术研究中心加挂长江河道崩岸监测预警中心牌子的批复》（长人事〔2021〕110号），组建长江河道崩岸监测预警中心，主要承担长江中下游崩岸预警技术研究，指导勘测局开展河道崩岸监测及分析研究工作，组织开展崩岸监测预警技术推广、培训与交流等工作。北京市根据《中共北京市委机构编制委员会关于市水务局所属事业单位改革有关事项的批复》（京编委〔2021〕130号），按照《北京市水文总站事业单位改革实施计划》成立工作领导小组，将北京市水文总站、北京市南水北调水质监测中心进行整合，组建新的北京市水文总站，同时加挂"北京市水务局水质水生态监测中心"牌子，为正处级公益一类事业单位。主要职责是：承担本市水资源（地下水、地表水）水文、水质、水生态等监测分析评价；承担洪水、山洪、城市内涝预报技术支撑及突发水环境事件应急监测等工作。完成新机构挂牌设立、人员转隶、档案审核、资料交接、内设机构设置，并根据新"三定"规定，完成人员岗位聘用工作。机构改革完成后，核定单位事业编制179名，内设机构15个。河北省水利厅与雄安新区管委会启动雄安新区成立水文机构事宜，5月21日，河北省水利厅批复成立雄安新区水文勘测研究中心筹备处，从全省水文系统抽调7名精干力量入驻雄安新区，在服务新区建设、安全度汛等方面开展大量测报工作，为新区水文机构快速发展打下基础。黑龙江省根据水文发展需要，积极争取丰富和拓展水文职能，内设机构设置由

10 个处室增至 12 个处室，增设规划建设处、技术处，解决了上次改革后处室设置和业务工作衔接开展不顺畅的问题。江西省根据《中共江西省委机构编制委员会关于省水利厅深化事业单位改革有关事项的批复》（赣编文〔2021〕10号）精神，编制印发《江西省水文监测中心关于印发全省水文系统内设机构主要职责和人员编制规模的通知》，明确各处室及各流域中心内设科室职责，理顺各处室和各流域中心科室的对应关系。2021 年 3 月初山东省省委机构编制部门批复山东省水文中心及所属 16 市水文中心机构职能编制规定，山东省水文系统事业单位完成了改革，涉及省局和所属 16 个市局的名称变更、职能变化、机构和编制调整等。四川省级水文机构明确为公益一类事业单位、副厅级；实现了全省 21 个市（州）水文机构全覆盖，21 个地区水文中心和省水文中心机关处（室、中心）明确为副处级；新增 300 个事业编制，总编制达到 1750 个；2021 年 12 月，正式挂牌更名为四川省水文水资源勘测中心。陕西省省委编办于 2021 年 12 月印发《中共陕西省委机构编制委员会办公室关于调整陕西省水文水资源勘测中心分支机构的通知》（陕编办发〔2021〕188 号），同意将陕西省水文水资源勘测中心下设的西安中心分设为西安、咸阳、铜川、渭南 4 个分支机构；将延安中心分设为延安、榆林 2 个分支机构，同时明确以上分支机构均为副处级规格，增加副处级领导职数 4 名；此次调整后，陕西省水文水资源勘测中心共下设 10 个分支机构，实现了陕西省市级行政区水文机构全覆盖。2021 年 4 月，根据《中共甘肃省委机构编制委员会办公室关于甘肃省水利厅所属部分事业单位更名的批复》（甘编办复字〔2021〕14 号），甘肃省水文水资源局更名为甘肃省水文站。2021 年 6 月，新疆生产建设兵团根据《关于兵团水利局所属事业单位机构编制调整的批复》（兵党编办发〔2021〕54 号），成立了兵团河湖与水文水资源中心，为兵团水利局所属的正处级公益一类财政拨款事业单位，承担兵团水文水资源水环境监测站网规划、建设和管理、水文水资源水环境监测、预报预警工作、水文水资源水环境相关数据资料的收集、整理、统计分析、水文监测资料汇交、保管和使用等水文业务工作。广东省经省水利厅《关于同意调整省水文局相关水文分局内设机构的批复》（粤水人事〔2021〕49号）同意，设立49个县（区）水文中心，进一步强化水文机构服务当地经济发展和提升水旱灾害防御能力。

截至2021年年底，全国水文系统共设立地市级水文机构299个，其中，河北、辽宁、吉林、江苏、浙江、福建、山东、河南、湖北、湖南、四川、贵州、西藏、宁夏、新疆等15省（自治区）实现全部按照地市级行政区划设置水文机构；县级水文机构637个。地市级和县级行政区划水文机构设置情况见表2-2。

表2-2 地市级和县级行政区划水文机构设置情况

省（自治区、直辖市）	已设立地市级水文机构的地市		已设立县级水文机构的区县	
	水文机构数量	名　称	水文机构数量	名　称
北京			5	朝阳区、顺义区、大兴区、丰台区、昌平区
天津			4	塘沽、大港、屈家店、九王庄
河北	11	石家庄市、保定市、邢台市、邯郸市、沧州市、衡水市、承德市、张家口市、唐山市、秦皇岛市、廊坊市	35	涉县、平山县、井陉县、崇礼县、邯山区、永年县、巨鹿县、临城县、邢台市桥东区、正定县、石家庄市桥西区、阜平县、易县、雄县、唐县、保定市竞秀区、衡水市桃城区、深州市、沧州市运河区、献县、黄骅市、三河市、廊坊市广阳区、唐山市开平区、滦州市、玉田县、昌黎县、秦皇岛市北戴河区、张北县、怀安县、张家口桥东区、围场县、宽城县、兴隆县、丰宁县
山西	9	太原市、大同市（朔州市）、阳泉市、长治市（晋城市）、忻州市、吕梁市、晋中市、临汾市、运城市		
内蒙古	11	呼和浩特市、包头市、呼伦贝尔市、兴安盟、通辽市、赤峰市、锡林郭勒盟、乌兰察布市、鄂尔多斯市、阿拉善盟（乌海市）、巴彦淖尔市		

续表

省（自治区、直辖市）	已设立地市级水文机构的地市		已设立县级水文机构的区县	
	水文机构数量	名称	水文机构数量	名称
辽宁	14	沈阳市、大连市、鞍山市、抚顺市、本溪市、丹东市、锦州市、营口市、阜新市、辽阳市、铁岭市、朝阳市、盘锦市、葫芦岛市	12 ·	台安县、桓仁县、彰武县、海城市、盘山县、大洼县、盘锦双台子区、盘锦兴隆台区、朝阳喀左县、营口大石桥市、丹东宽甸满族自治县、锦州黑山县
吉林	9	长春市、吉林市、延边市、四平市、通化市、白城市、辽源市、松原市、白山市		
黑龙江	10	哈尔滨市、齐齐哈尔市、牡丹江市、佳木斯市（双鸭山市、七台河市、鹤岗市）、大庆市、鸡西市、伊春市、黑河市、绥化市、大兴安岭地区		
上海			9	浦东新区、奉贤区、金山区、松江区、闵行区、青浦区、嘉定区、宝山区、崇明县
江苏	13	南京市、无锡市、徐州市、沧州市、苏州市、南通市、连云港市、淮安市、盐城市、扬州市、镇江市、泰州市、宿迁市	26	太仓市、常熟市、盱眙县、涟水县、海安市、如东县、兴化市、宜兴市、江阴市、溧阳市、金坛市、句容市、新沂市、睢宁县、邳州市、丰县、沛县、高邮市、仪征市、阜宁县、响水县、大丰市、泗洪县、沭阳县、赣榆县、东海县
浙江	11	杭州市、嘉兴市、湖州市、宁波市、绍兴市、台州市、温州市、丽水市、金华市、衢州市、舟山市	71	余杭区、临安区、萧山区、建德市、富阳市、桐庐县、淳安县、鄞州区、镇海区、北仑区、奉化市、余姚市、慈溪市、宁海县、象山县、瓯海区、龙湾县、瑞安市、苍南县、平阳县、文成县、永嘉县、乐清市、洞头县、泰顺县、德清县、长兴县、安吉县、秀洲区、南湖区、海宁市、海盐县、平湖市、桐乡市、嘉善县、柯桥区、嵊州市、新昌县、上虞市、诸暨市、义乌市、永康市、东阳市、浦江县、武义县、磐安县、江山市、常山县、开化县、龙游县、定海区、普陀区、岱山县、嵊泗县、临海市、三门县、天台县、仙居县、黄岩区、温岭市、玉环县、莲都区、缙云县、庆元县、青田县、云和县、龙泉市、遂昌县、松阳县、景宁县、海曙区
安徽	10	阜阳市（亳州市）、宿州市（淮北市）、滁州市、蚌埠市（淮南市）、合肥市、六安市、马鞍山市、安庆市（池州市）、芜湖市（宣城市、铜陵市）、黄山市		

续表

省（自治区、直辖市）	已设立地市级水文机构的地市		已设立县级水文机构的区县	
	水文机构数量	名 称	水文机构数量	名 称
福建	9	抚州市、厦门市、宁德市、莆田市、泉州市、漳州市、龙岩市、三明市、南平市	38	福州市晋安区、永泰县、闽清县、闽侯县、福安市、古田县、屏南县、莆田市城厢区、仙游县、南安市、德化县、安溪县、漳州市芗城区、平和县、长泰县、龙海市、诏安县、龙岩市新罗区、长汀县、上杭县、漳平市、永定县、永安市、沙县、建宁县、宁化县、将乐县、大田县、尤溪县、南平市延平区、邵武市、顺昌县、建瓯市、建阳市、武夷山市、松溪县、政和县、浦城县
江西	7	上饶市（景德镇市、鹰潭市）、南昌市、抚州市、吉安市、赣州市、宜春市（萍乡市、新余市）、九江市	2	彭泽县、湖口县
山东	16	滨州市、枣庄市、潍坊市、德州市、淄博市、聊城市、济宁市、烟台市、临沂市、菏泽市、泰安市、青岛市、济南市、威海市、日照市、东营市	75	济南市城区、历城区（章丘区）、长清区（平阴区）、济阳区、商河县、青岛市城区、西海岸新区、胶州市、青岛市即墨区、平度市、莱西市、淄博市张店区（周村区、临淄区）、淄博市博山区（淄川区）、高青县（桓台县）、沂源县、枣庄市薛城区、枣庄市台儿庄区、枣庄市山亭区、滕州市、东营市东营区（垦利区）、东营市河口区（利津县）、广饶县、烟台开发区、烟台市牟平区（莱山区）、龙口市、烟台市莱阳市（海阳市）、蓬莱市（长岛县）、招远市（莱州市）、潍坊市奎文区、诸城市、寿光市（青州市）、安丘市（昌乐县）、昌邑市（高密市）、临朐市、济宁市任城区、邹城市（微山县）、金乡县（鱼台县）、嘉祥县（梁山县）、汶上县（兖州区）、泗水县（曲阜市）、泰安市泰山区（岱岳区）、新泰市、肥城市（宁阳县）、东平县、威海市文登区（环翠区）、荣成市、乳山市、日照市东港区（岚山区）、五莲县、莒县、莱城、雪野旅游区、临沂经开区、沂南县（沂水县）、兰陵县、费县（平邑县）、莒南县（临沭县、临港区）、蒙阴县、武城县（德城区、夏津县）、乐陵市（庆云县、宁津县）、临邑县（陵城区、平原县）、齐河县（禹城市）、聊城市东昌府区、莘县（阳谷县）、东阿县（茌平县）、冠县（临清西部）、高唐县（临清东部）、滨州市滨城区（博兴县）、阳信县（无棣县、沾化区）、邹平市（惠民县）、菏泽市牡丹区（东明县）、菏泽市定陶区（曹县）、单县、巨野县（成武县）、郓城县（鄄城县）

续表

省（自治区、直辖市）	已设立地市级水文机构的地市		已设立县级水文机构的区县	
	水文机构数量	名　称	水文机构数量	名　称
河南	18	洛阳市、南阳市、信阳市、驻马店市、平顶山市、漯河市、周口市、许昌市、郑州市、濮阳市、安阳市、商丘市、开封市、新乡市、三门峡市、济源市、焦作市、鹤壁市	55	郑州市市辖区（中牟县、荥阳市）、登封市、开封市市辖区（尉氏县）、杞县（通许县）、洛阳市市辖区（孟津县、伊川县、偃师市、新安县）、汝阳县（嵩县）、平顶山市市辖区（叶县）、汝州市（郏县、宝丰县）、舞钢市、鲁山县、安阳市市辖区（汤阴县、内黄县）、林州市、鹤壁市市辖区（淇县）、浚县、新乡市市辖区（获嘉县）、卫辉市、长垣县、焦作市市辖区、泌阳县、濮阳市市辖区、南乐县（清丰县）、范县（台前县）、许昌市市辖区（长葛市、襄城县、禹州市）、漯河市市辖区、舞阳县、临颍县、三门峡市市辖区（陕县、渑池县、义马市）、灵宝市、商丘市市辖区（虞城县、夏邑县、民权县）、永城市、柘城县（睢县、宁陵县）、周口市市辖区（西华县、商水县、淮阳县）、鹿邑县、沈丘县（项城市）、太康县（扶沟县）、驻马店市市辖区（遂平县）、新蔡县、上蔡县（西平县）、确山县（正阳县）、汝南县、南阳市市辖区（镇平县、社旗县、方城县）、邓州市（新野县）、南召县、西峡县（淅川县）、内乡县、唐河县（桐柏县）、信阳市市辖区、淮滨县、固始县（商城县）、光山县、潢川县、新县、息县（罗山县）、济源市
湖北	17	武汉市、黄石市、襄阳市、鄂州市、十堰市、荆州市、宜昌市、黄冈市、孝感市、咸宁市、随州市、荆门市、恩施土家族苗族自治州、潜江市、天门市、仙桃市、神农架林区	53	阳新县、房县、竹山县、夷陵区、当阳市、远安县、五峰土家族自治县、宜都市、枝江市、枣阳市、保康县、南漳县、谷城市、红安县、麻城市、团风县、新洲区、罗田县、浠水县、蕲春县、黄梅县、英山县、武穴市、大悟县、应城市、安陆市、通山县、咸丰市、随市、广水市、孝昌县、云梦县、兴山县、崇阳县、咸安区、通城县、曾都区、洪湖市、松滋市、公安县、江陵县、监利县、荆州区、沙市区、石首市、丹江口、钟祥市、京山县、汉川市、孝南区、黄陂区、恩施市、黄州区
湖南	14	株洲市、张家界市、郴州市、长沙市、岳阳市、怀化市、湘潭市、常德市、永州市、益阳市、娄底市、衡阳市、邵阳市、湘西土家族苗族自治州	83	湘乡市、双牌县、蓝山县、醴陵县、临澧县、桑植县、祁阳县、桃源县、凤凰县、浏阳市、永顺县、安仁县、宁乡县、石门县、新宁县、保靖县、桂阳县、隆回县、泸溪县、嘉禾县、安化县、溆浦县、江永县、邵阳县、衡山县、桃江县、永州市冷水滩区、芷江县、吉首市、津市市、慈利县、南县、麻阳苗族自治县、澧县、攸县、炎陵县、耒阳市、冷水江市、双峰县、洞口县、沅陵县、会同县、道县、平江县、桂东县、常宁市、湘阴县、长沙市城区、长沙县、通道侗族自治县、娄底市城区、涟源市、新化县、龙山县、武陵源区、衡阳市城区、邵阳市城区、衡东县、祁东县、绥宁县、江华县、新田县、宁远县、郴州市城区、资兴市、临武县、怀化市城区、新晃侗族自治县、永定区、益阳市城区、临湘市、常德市城区、湘潭县、湘潭市城区、岳阳市城区、株洲市城区、南岳区、汉寿县、衡阳县、衡南县、洪江市、武冈市、邵东县

续表

省（自治区、直辖市）	已设立地市级水文机构的地市		已设立县级水文机构的区县	
	水文机构数量	名 称	水文机构数量	名 称
广东	12	广州市、惠州市（东莞市、河源市）、肇庆市（云浮市）、韶关市、汕头市（潮州市、揭阳市、汕尾市）、佛山市（珠海市、中山市）、江门市（阳江市）、梅州市、湛江市、茂名市、清远市、深圳市	49	番禺区、增城区、黄埔区、从化区、南沙区、顺德区、三水区、高明区、斗门区、香洲区、湘桥区、揭西县、惠来县、陆丰市、乐昌市、浈江区、仁化县、翁源县、新丰县、惠东县、博罗县、龙门县、紫金县、东源县、龙川县、高要区、怀集县、封开县、四会市、新兴县、梅县区、大埔县、蕉岭县、五华县、兴宁市、开平市、新会区、江城区、阳春市、吴川市、雷州市、廉江市、化州市、高州市、信宜市、清城区、英德市、连州市、阳山县
广西	12	钦州市（北海市、防城港市）、贵港市、梧州市、百色市、玉林市、河池市、桂林市、南宁市、柳州市、来宾市、贺州市、崇左市	77	南宁市(城区)、武鸣县、上林县、隆安县、横县、宾阳县、马山县、柳州市（城区）、柳城县、鹿寨县、三江县、融水县、融安县、桂林市（城区）、临桂县、全州县、兴安县、灌阳县、资源县、灵川县、龙胜县、阳朔县、恭城县、平乐县、荔浦县、永福县、梧州市（城区）、藤县、岑溪市、蒙山县、钦州市（城区）、钦北区、浦北县、灵山县、北海市（城区）、合浦县、防城港市（城区）、东兴市、上思县、贵港市（城区）、桂平市、平南县、玉林市城区（兴业县）、容县、北流市、博白县、陆川县、百色市城区（田阳县）、凌云县、田林县、西林县、隆林县、靖西市（德保县）、那坡县、田东县（平果县）、贺州市城区（钟山县）、昭平县、富川县、河池市城区、宜州区、南丹县、天峨县、东兰县、凤山县、罗城到、都安县（大化县）、巴马县、环江县、来宾市城区（合山市）、忻城县、象州县（金秀县）、武宣县、崇左市城区（凭祥市）、龙州县、大新县、宁明县、扶绥县
重庆			39	渝中区、江北区、南岸区、沙坪坝区、九龙坡区、大渡口区、渝北区、巴南区、北碚区、万州区、黔江区、永川区、涪陵区、长寿区、江津区、合川区、万盛区、南川区、荣昌区、大足县、璧山县、铜梁县、潼南县、綦江县、开县、云阳县、梁平县、垫江县、忠县、丰都县、奉节县、巫山县、巫溪县、城口县、武隆县、石柱县、秀山县、酉阳县、彭水县
四川	21	成都市、德阳市、绵阳市、内江市、南充市、达州市、雅安市、阿坝州、凉山彝族自治州、眉山市、广元市、遂宁市、宜宾市、泸州市、广安市、巴中市、甘孜市、乐山市、攀枝花市、自贡市、资阳市		
贵州	9	贵阳市、遵义市、安顺市、毕节市、铜仁市、黔东南苗族侗族自治州、黔南布依族苗族自治州、黔西南布依族苗族自治州、六盘水市		

省（自治区、直辖市）	已设立地市级水文机构的地市		已设立县级水文机构的区县	
	水文机构数量	名 称	水文机构数量	名 称
云南	14	曲靖市、玉溪市、楚雄彝族自治州、普洱市、西双版纳傣族自治州、昆明、红河哈尼族彝族自治州、德宏傣族景颇族自治州、昭通市、丽江市、大理白族自治州（怒江傈僳族自治州、迪庆藏族自治州）、文山壮族苗族自治州、保山市、临沧市	1	长宁县
西藏	7	阿里地区、林芝地区、日喀则地区、山南地区、拉萨市、那曲地区、昌都地区		
陕西	10	西安市、榆林市、延安市、渭南市、铜川市、咸阳市、宝鸡市、汉中市、安康市、商洛市	3	志丹县、华阴市、韩城市
甘肃	10	白银市（定西市）、嘉峪关市（酒泉市）、张掖市、武威市（金昌市）、天水市、平凉市、庆阳市、陇南市、兰州市、临夏回族自治州（甘南藏族自治州）		
青海	6	西宁市、海东市（黄南藏族自治州）、玉树藏族自治州、海南藏族自治州（海北藏族自治州）、海西蒙古族藏族自治州		
宁夏	5	银川市、石嘴山市、吴忠市、固原市、中卫市		
新疆	14	乌鲁木齐市、石河子市、吐鲁番地区、哈密地区、和田地区、阿克苏地区、喀什地区、塔城地区、阿勒泰地区、克孜勒苏柯尔克孜自治州、巴音郭楞蒙古自治州、昌吉回族自治州、博尔塔拉蒙古自治州、伊犁哈萨克自治州		
合计	299		637	

2. 水文双重管理体制建设

截至 2021 年年底，全国 299 个地市级水文机构中有 130 个实行省级水行政主管部门与地方人民政府双重管理，其中，山东、河南、湖南、广东、广西、云南等省（自治区）地市级水文机构全部实现双重管理。北京、天津、河北、辽宁、上海、江苏、浙江、福建、江西、山东、河南、湖北、湖南、广东、广西、重庆、云南、陕西等 18 个省（自治区、直辖市）共设立 637 个县级水文机构，其中 328 个实行双重管理。

3. 政府购买服务实践

全国水文系统积极推动社会力量参与水文工作，发挥市场资源在水文工作中的作用，持续开展政府购买水文服务实践。

河北省采用政府采购方式进行招标确定运行维护单位，运行维护单位派驻了运维技术人员 133 人，对 6000 余处自动测报站进行运行维护，特别是对 1902 处省级地下水、954 处国家地下水监测站、1911 处山洪灾害防治、577 处中小河流水文测站进行了运行维护管理。

浙江省按照"财权与事权相应"的原则，由省、市、县水文部门分级开展水文业务政府购买服务，测站水文设施维修养护是浙江省水文购买服务的主要内容，包括测站定期检查、应急维修、水文设施保养，年度经费约 2000 万元；其次为水文测报业务购买服务，主要涉及部分中小河流站的水文测验、专用站水文测验、水质采样和实验室分析、水位和雨量站人工观测等，年度经费约 1600 万元；浙江省各级水文部门业务系统和信息平台的维护主要采用外包服务，年度经费约 750 万元。

安徽省在水文设施维修养护、水文测报业务、业务系统和信息平台方面，对国家重要水源地和跨市界断面水质在线监测站运行维护和管理、生产建设项目水土保持信息化监管、省级大型生产建设项目水土保持遥感监管和验收项目核查、安徽省省级监测区域水土流失动态监测、山洪灾害调查评价系统在内的多个系统运行维护等工作采用了购买服务，合同金额总计达 2000 余万元。

江西省根据《江西省水文管理办法》等有关规定和《江西省水文监测设

施设备运行维护吸纳社会化服务管理实施细则（试行）》，推进全省水文监测设施设备运行维护吸纳社会化服务的规范化，2021 年度江西省水文部门吸纳社会化服务项目支出资金 2284.40 万元，主要有遥测站运行维护（雨量站、水位站运维）、水文缆道运行维护、视频监控运行维护、网络通信设施设备运行维护、遥测站点看管、物业管理、劳务派遣等服务内容。

山东省 2021 年度水文设施运行维护购买社会化服务共签订合同 18 个，合同金额 5924.03 万元，其中看护保护服务站点 1675 处，委托观测服务各类监测站点 1959 处，常驻人员数量共计 522 人，设施设备维护站点数量 3165 处。在今年山东省海河的防汛水文测报工作中，共有 70 名购买服务常驻人员参与测报工作，共施测流量 1553 站次，占全部测流工作量的 96%，成为了一支不可或缺的力量。

四、水文经费投入

进入新发展阶段，水文工作在水利改革和经济社会发展中的基础支撑作用不断增强，得到了各级政府和社会各界的高度关注和大力支持，中央和地方政府对水文投入力度持续增加，水文现代化建设步伐不断加快。

按 2021 年度实际支出金额统计，全国水文经费投入总额 1052528 万元，较上一年增加 73573 万元，主要是基建费增加。其中：事业费 814201 万元、基建费 214807 万元、其他经费 23520 万元。在投入总额中，中央投资 236522 万元，约占 22%，较上一年增加 46953 万元，地方投资 816006 万元，约占 78%，较上一年增加 26620 万元（图 2-2）。2011 年以来全国水文经费统计见图 2-3。

全国水文事业费 814201 万元，较上一年减少 5117 万元。其中，中央水文事业费投入 98236 万元，较上一年减少 17868 万元；地方水文事业费投入 715965 万元，较上一年增加 12751 万元。

全国水文基建费 214807 万元，较上一年增加 74063 万元。其中，中央水文基建费 138286 万元，较上一年增加 64821 万元；地方水文基建费 76521 万元，较上一年增加 9242 万元。

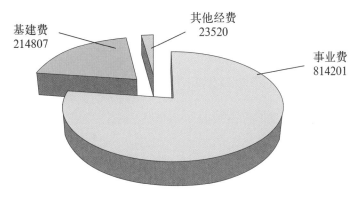

图 2-2　2021 年全国水文经费总额构成图（单位：万元）

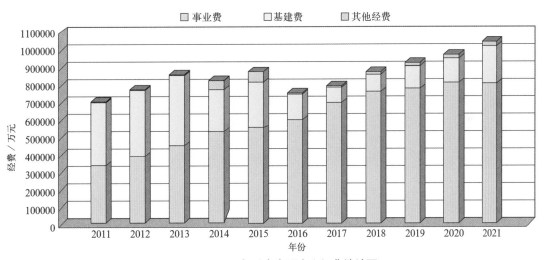

图 2-3　2011 年以来全国水文经费统计图

五、国际交流与合作

1. 国际会议和重大水事活动

2021 年 11 月 18 日，水利部水文司副司长魏新平［代表联合国教科文组织政府间水文计划（United Nations Educational Scientific and Cultural Organization-Intergovernment Hydrological Program，UNESCO-IHP）中国国家委员会主席林祚顶］，UNESCO-IHP 理事会副主席、亚太区主席、UNESCO-IHP 中国国家委员

会副主席余钟波教授以及国科司、信息中心、南科院等委员和代表出席了联合国教科文组织第 41 届大会，参加大会自然科学委员会有关议题的审议，介绍我国水文事业发展成效，极大地促进了我国治水理念、经验和实践工作在全球水领域的传播。

11 月 25 日，UNESCO-IHP 理事会副主席、亚太区主席、中国国家委员会副主席，河海大学水文水资源与水利工程科学国家重点实验室主任余钟波教授在 UNESCO-IHP 政府间理事会第五届特别会议上当选 UNESCO-IHP 理事会主席，任期 2 年。这是中国专家首次成功当选该职务，对新时代中国水文科学走向世界，分享中国知识和经验，扩大我国的影响力，意义重大。该项工作获得了水利部领导批示，李国英部长鼓励继续培养和支持更多水利专家担任涉水国际组织、国际学术机构重要职务。

12 月 7—8 日，UNESCO-IHP 中国国家委员会主席、水利部水文司司长林祚顶参加了以"携手应对挑战，促进共同发展"为主题的第二届澜湄水资源合作论坛。UNESCO-IHP 中国国家委员会成员单位南京水利科学研究院联合承担了"水电可持续发展与能源安全"分论坛的组织工作。我国向湄公河国家和湄公河委员会提供澜沧江全年水文信息，这一行动贯彻落实了李克强总理指示精神，推动了澜湄水资源国际交流合作，得到了湄公河五国的大力赞赏。

2. 国际河流水文工作

2021 年，我国与俄罗斯、哈萨克斯坦、蒙古、朝鲜、印度、湄公河委员会等周边国家和国际组织在水文报汛、过境测流、跨界河流水资源管理与合作等方面积极开展工作，成效显著。据统计，我国全年汛期共向周边国家和国际组织报送水文信息 21 万多条，接收国外提供的水文信息近 10 万条。

辽宁、吉林、黑龙江、云南、西藏等省（自治区）水文部门按照国际河流水文报汛协议，向有关国家报送水文信息，圆满完成中俄、中朝、中印、中越等相关跨界河流水文报汛工作。在鸭绿江支流爱河发生洪水期间，辽宁省水文部门主动加密水文测报，及时准确开展洪水预报。广西壮族自治区水文部门及时接收并转报越南报送的相关时段水雨情信息，为下游防灾减灾提供了信息保障。云南省水文部门按照协议向越南、缅甸、老挝、柬埔寨、泰国五国及湄公河委员会提供了澜沧江允景洪水文站和曼安水文站的全年水文信息。新疆维吾尔自治区水文部门开展中哈水文资料对比分析和边界河流预测预报方法研究交流，完成中哈、中蒙跨界河流水文资料收集、整理、交换等工作任务，积极开展边境地区水文站网研究。

六、水文行业宣传

2021 年，全国水文系统紧密围绕水利高质量发展和水文现代化建设，开展了一系列形式多样、主题鲜明的宣传活动，人民日报、新华网及央视等主流媒体广泛报道水文测报工作，各地水文部门积极利用电台、网站、报刊和微信公众号等媒体平台，开展多渠道、多形式、多层次的水文宣传，为水文事业发展营造良好舆论氛围。

1. 行业宣传亮点纷呈

黄委参与制作的纪录片《黄河人家》第 6 集《守望》中展现了龙门水文站工作纪实（图 2-4），并于央视记录频道播出，参与制作的《专家解读：今年

图 2-4　央视《黄河人家》纪录片播出龙门水文站工作纪实

黄河秋汛为什么这样猛？》在央视《新闻直播间》栏目播出；编制《幸福赞歌献给党》庆祝建党百年快闪视频在"学习强国"平台发布；《搏浪黄河英雄气》、《防汛一线，跟访黄河测报员》（图2-5）、《一线直击：黄河秋汛防御忙》等稿件在人民日报、新华网、光明日报等媒体刊登。《珠江委水情预报中心闻"汛"先行 确保珠江安澜》系列稿件得到中新网等多家媒

图2-5　报道黄河防汛水文测报工作的文章《防汛一线，跟访黄河测报员》在人民日报刊登

体报道（图2-6），得到了广大群众的关注。太湖局的"我为群众办实事"项目《"保嘉兴安澜、护红色根脉"专项行动取得阶段性成效》在新华网、"学习强国"等平台发布。河北省《防汛救灾 风雨同舟 河北石家庄：暴雨预警信号解除 当地水库调蓄功能仍有一定空间》在中央二台"第一时间"栏目播出，

图2-6　珠江委水文局"保珠江安澜"系列稿件在中国新闻网、水利部官微发布

社会影响力显著。浙江省《钱塘江流域发生今年第 1 号洪水》《今年钱塘江涌潮接近去年同期 或现"回头潮""碰头潮"》《浙江省水文管理中心发布山洪灾害蓝色预警》等防汛备汛稿件在央视新闻、新华社、央广网等国家级媒体报道 55 次，在省部级媒体上报道 136 次。上海市开展"水文服务河湖长制"主题宣传、"水文知识进校园、进社区"宣讲。湖南省在新华社、人民网等媒体推出"'十三五'回顾及'十四五'展望"等专题。安徽省临淮岗水文站《让党旗在防汛救灾一线高高飘扬（让党旗在基层一线高高飘扬）》被《人民日报》2021 年 8 月 3 日第 19 版刊发。

2. 新媒体宣传创新发展

长江委利用"一网（长江水文网）、两微（长江水文、长江水情）、三平台（腾讯新闻、微信视频号、抖音短视频平台）"开展广泛宣传，其中手绘科普短视频《梅雨是个啥》被各大主流媒体转发，累计播放量达 300 万次；首次运用抖音号、微信视频号，对长江水文技术大比武大赛、青年科技论坛、"闻道杯"青年职工讲规范等活动进行视频直播，受到社会广泛关注。珠江水利委员会（简称珠江委）制作了《饮风长歌 守卫江河》"最美珠江委人"林如虎宣讲视频（图 2-7），展示了其 39 年扎根水文勘测基层一线，勤奋敬业的先进事迹。河北省利用长城网大型媒体平台对 2021 年河北省水文勘测技能竞赛情况进行

图 2-7 珠江委"最美珠江委人"宣传视频

现场直播。黑龙江省《"孤岛"中的坚守》《我有这样的丈夫，我自豪！》《抗洪测报中的夫妻搭档》《水情监测中的父子兵》《抗洪抢险中的"侦察兵"》5 篇稿件在黑龙江工会微信公众号发布，被黑龙江省总工会设立为"全省思想政治引领工作实践点"。福建省拍摄"讲述水文人自己的故事 一月一故事"系列微视频，先后在微视、抖音、快手等平台播出。江西省向新华社推送稿件《江西省水文监测中心创新开展党史学习教育活动》，并联合香港商报开展"行走赣鄱水脉 见证治水宏图——百年水利看江西"沉浸式观察采访活动，直观展示了新时代江西水文高质量跨越式发展的累累硕果。广东省水文部门微信公众号长期位居省级服务号影响力排行榜前十，系列报道中以全省水文勘测工职业技能竞赛为主要内容的《披荆斩棘的水文哥哥与乘风破浪的水文姐姐！》获得广泛关注。

3. 宣传平台建设持续推进

水利部水文司组织编制并印发《水文工作动态信息》12 期，及时总结交流水文工作新经验、新做法。黄委黄河水文图片视频中心管理平台正式投入应用，组织各级宣传人员深入一线采访报道，采用视频、图片、手绘、文字等多种形式，认真做好《黄河水文》杂志采编印工作。北京市关于汛期强降雨、生态补水前后地下水回升的新闻，在市委市政府办公厅《昨日市情》上连续刊载。内蒙古自治区举办"奋斗百年路、启航新征程"庆祝中国共产党成立 100 周年摄影作品展。江苏省在省级以上媒体累计发布新闻报道 96 篇，15 篇报道被省厅内参材料《昨日要情》收录。湖南省水文中心编印水文系统综合性期刊《江河潮》2 期，着力讲好水文故事，为全国水文职工提供高品质的精神食粮。河南省推出百年水文宣传视频《守望江河保安澜》，编纂《水文记忆》，出版 2021 年《防汛画册》。甘肃省舟曲电视台承担制作了"甘肃最美水利人"舟曲水文站王繁同志先进事迹宣讲视频。多地水文部门在"世界水日""中国水周"等纪念日悬挂标语、制作主题展板、播放节水护水爱水视频等，向公众宣传水利水文政策法规、建设成就，进行水情教育，科普相关知识。

4. 宣传队伍与制度建设持续推进

长江委制定印发《长江委水文局网站和新媒体管理办法》。黄委印发《2021年信息宣传工作要点》。珠江委印发《2021年水文水资源宣传工作要点》。松辽委初步建立通讯员和信息发布管理制度。天津市制定年度信息报送计划。浙江省印发《2021年浙江水文"强宣传"行动方案》。安徽省修订完善《安徽省水文局信息宣传工作管理办法》。山东省印发《省水文中心关于明确水文宣传工作有关事项的通知》。广东省印发水文宣传工作方案及信息发布细则。重庆市制定《2021年水文宣传文化工作要点》《2021年宣传信息工作目标任务》。贵州省印发《关于加强水文宣传思想工作的意见》。云南省印发《云南省水文水资源局办公室关于进一步加强水文宣传工作的通知》《云南省水文水资源局办公室关于进一步加强省局网站和云南水文公众号内容保障及信息审核发布管理工作的通知》。

5. 水文援藏援疆和扶贫工作

水利部水文司深入贯彻落实水利部第十次援藏工作会议精神和全国水利援疆工作会议精神，组织协调并大力推进水文援藏和援疆工作，组织各对口援藏、援疆单位，按照《水文对口援藏三年工作方案（2020—2022年）》《水文对口援疆工作方案（2020—2022年）》，对接受援单位需求开展援助工作。

结合党史学习教育，水文司负责，黄委、珠江委、长江委分别承担的帮扶新疆维吾尔自治区水文局西大桥水文站提高供水保障水平、帮扶新疆维吾尔自治区水文局克尔古提水文站提高供水保障水平和帮扶西藏自治区水文水资源勘测局尼洋河洪水预报软件开发等3个项目列入水利部党组直接组织和推动的第四批"我为群众办实事"实践活动并深入推进，切实解决人民群众急难愁盼问题。

2021年，水文司将西藏、新疆重点基础设施建设项目列入《全国水文基础设施建设"十四五"规划》，并积极指导西藏、新疆开展规划内重点项目前期工作，优先安排年度中央预算内投资 4043 万元，用于新疆水文基础设施建设。各地水文部门按照水文对口援助工作机制开展了大量工作。援藏方面，辽宁省启动与西藏阿里水文局合作开展阿里地区扎日南木措湖泊健康评估的前期工作，并签订技术合同协议，通过人员协作和资金扶持进一步推动水文技术援藏工作。河南省落实援藏资金 190 万元，援助日喀则水文局建设流量在线测验及水情综合分析系统及水利规划编制。湖南省重点针对西藏水情预报及信息化建设等具体业务开展援助，开展数据库迁移与预报系统维护升级，指导编制了堆龙曲、墨竹玛曲、尼木玛曲三条支流的洪水预报方案，并援助 3 台服务器。福建省援助阿里水文水资源分局 12 万元。援疆方面，长江委组织举办了 2021 年援疆技术培训班，采用线上视频培训的形式，向新疆维吾尔自治区水利厅和新疆建设兵团水利局 420 名技术骨干开展了水旱灾害风险普查、山洪灾害防治、山洪灾害监测预警系统管理及应用等方面业务培训，帮助编制完成了《新疆水文现代化建设规划》和《新疆水文网络安全与信息化顶层设计》。黄委帮助开展新疆 7 处水文测站超标洪水测报预警方案等 10 个项目报告编制，开展水文气象预报技术等 3 个培训班。吉林省援助阿勒泰水文勘测局南湾、库威、保塔美 3 个国家基本水文站 7 台（套）设备，援助资金总计 4.76 万元。浙江省水文管理中心组织测站技术骨干录制了走航式 ADCP 测流、地表水水质采样及现场测定脚本、水尺零点高程测量与计算实操脚本等 6 个水文测验野外实地教学视频，分享给新疆维吾尔自治区水文部门技术人员。

水利部水文司加强脱贫地区水文基础设施建设、业务帮扶和人才培养。积极落实对口帮扶重庆市巫溪县工作组的安排部署，组织太湖局、国际小水电中心等赴巫溪县开展水利帮扶与支部共建活动，完成技术帮扶、农产品销售等任务。

各地水文部门结合实际扎实做好乡村振兴相关帮扶工作。河北省结合扶贫对口村东山坡村的实际情况，制定五年工作计划，在发展特色产业和集体经济上，想办法，出实招，全年党委研究扶贫及乡村振兴事项 6 次，主要领导均到村调研，落实消费扶贫 42.6 万元。江西省统筹指导全省水文开展帮扶工作，组织召开了脱贫攻坚总结视频会、帮扶第一书记座谈交流会，全面总结全省水文在扶贫工作中取得的成绩和经验，指导各工作队科学制定乡村振兴 3 年帮扶计划，统筹全省集中争取水利项目和资金支持，为定点帮扶的梅溪村已争取项目资金约 1200 万元。广东省佛山市水文分局开展郁南县平台镇中村村扶贫工作，组织帮扶干部开展一对一帮扶送温暖活动，举办农产品网络"直播带货"活动等，帮助村民解决农产品销售难题，促进脱贫攻坚与乡村振兴有机衔接，郁南县平台镇荣获全国脱贫攻坚先进集体荣誉称号。甘肃省组建了农村供水保障督导组，对陇南市 9 县区"为民办实事"19 处重点水源建设工程进行督导。新疆维吾尔自治区投入 30 余万元帮扶资金，启动夏依勒克村村容村貌美化项目，解决定点帮扶包联村群众困难诉求 64 件，化解矛盾纠纷 23 余件，特别是解决了 2 户村民被拖欠近 2 年的 12.35 万元的保险理赔。

七、精神文明建设

2021 年，全国水文系统坚持以习近平新时代中国特色社会主义思想为指导，以党建工作为引领，围绕新阶段水利高质量发展目标，不断深化精神文明建设与水文业务工作的有机结合，取得了丰硕成果。

1.党建工作深入开展

全国水文系统持续加强党的建设工作，强化基层党组织建设，坚持党建与业务工作深度融合，努力践行理论学习成果。水利部水文司扎实开展党史学习教育活动，全面系统学习党的百年奋斗历程、重大成就和历史经验，组织形式丰富的主题党日活动，邀请水文系统内先进典型张正康、罗兴与全司进行交流讲座，引导党员干部学习先进楷模热爱事业、坚韧不拔的精神，端正价值追求；组织参观"治水百年路 牢记为民心"主题展览，鼓舞传承、弘扬百年治水历史中形成的宝贵经验和精神品质，努力做好水文各项工作。深入推进"三对标、一规划"专项行动，组织深入学习贯彻党的十九大和十九届历次全会精神，习近平总书记"3·14""9·18""1·03"以及在推进南水北调后续工程高质量发展座谈会上的重要讲话、在深入推动黄河流域生态保护和高质量发展座谈会上的重要讲话精神等，认真贯彻落实部党组关于新阶段水利高质量发展的工作部署，从政治理论中寻找破解难题、推动工作的思路和方法，加快推进水文现代化，全力做好水文测报与水文水资源服务，为水利工作和经济社会发展提供有力支撑。

各地水文部门深入开展党建工作，组织开展了多种形式的研学活动，献礼建党 100 周年活动精彩纷呈。突出抓好党史学习教育，积极做好"我为群众办实事"实践活动等。江苏省依托百年老站，在南京潮水位站建成党员实境教育课堂，树立红色地标。湖北省精心制作献礼建党 100 周年党建宣传片《峰顶浪尖党旗红》（图 2-8）。吉林省举办"颂歌献给党"庆祝建党 100 周年文艺汇演（图 2-9）。河南省制作庆祝建党百年水文宣传视频《守望江河保安澜》，编纂《水文记忆》，出版 2021 年《防汛画册》。

图 2-8　湖北省水文水资源中心制作庆祝建党百年宣传片《峰顶浪尖党旗红》

图 2-9 吉林省举办"颂歌献给党"庆祝建党 100 周年文艺汇演

2. 党建宣传常抓不懈

全国水文系统扎实开展党史学习教育和"三对标、一规划"专项行动,努力践行理论学习成果。结合脱贫攻坚和水文现代化发展需求,组织开展水文扶贫攻坚座谈交流等主题党日活动(图 2-10),开展业务交流,开阔视野和思路。各地水文部门结合党建工作,组织开展了多种形式的研学活动。长江委分级制定党史学习教育实施方案、支部学习计划,全局上下形成"工作部署细到支部、

图 2-10 宁夏水文局开展主题党日活动

组织协调全线联动"的模式。黄委积极开展建党 100 周年"九个一"活动，先后评选表彰黄河水文红旗党支部 8 个、水利先锋党支部 2 个。命名 6 个党建示范区、16 个党建示范点，形成"一测区一特色、一支部一面旗"的黄河水利基层党建示范带创建格局，通过示范创建、标杆引领，基层党建工作水平不断提升，为支撑"幸福河"建设提供坚强组织保障。黄委花园口水文站党支部获"河南省先进基层党组织"。海委全面落实《海委机关创建文明处室（单位）争做合格公务员（文明职工）活动实施方案》的要求。珠江委举办党史学习教育"奋斗百年路　启航新征程"主题演讲比赛暨第六届青年讲坛。松辽委制定印发《水文局（信息中心）2021 年精神文明建设工作安排》。太湖局采取"线上＋线下""基地＋阵地""自学＋联学""自建＋共建"、青年说等丰富多彩的方式交互式推进党史学习教育和"三对标、一规划"专项行动。天津市大力弘扬新时代水利精神和"引滦精神"，开展民法典讲座、参观国家海洋博物馆、"践行核心价值观 争做最美水利人"等主题实践活动。河北省认真对标《文明单位测评体系》，积极发挥文明示范引领作用。山西省把文明创建与业务工作、"三基建设"同布置、同考核、同奖惩，形成上下贯通、逐级负责、全面落实的完整链条。内蒙古自治区举办"奋斗百年路、启航新征程"庆祝中国共产党成立 100 周年摄影作品展和"学党史强信念跟党走"演讲比赛。辽宁省组织开展"五个一百""学党史、悟思想、办实事、开新局"主题征文及"我为群众办实事、争做贡献促振兴"实践活动。黑龙江省分层次推选省直机关工委优秀共产党员等多项先进典型。上海市制定印发 2021 年度水文行业党建工作要点，定期召开行业党建联席会议和政工例会，成功创建 15 个"治水管海先锋"党建品牌示范点，深化"一支部一特色"品牌建设。上海市建成党建、文化"两个园地"，开展征文摄影比赛、党史知识竞赛、纪念章颁发仪式、"两优一先"评选等主题活动。江苏省融合推进"两在两同"建新功行动和"五抓五促"专项行动，依托百年老站，建成党员实境教育课堂、"党建文化长廊"等红色阵地。浙江省将精神文明创建与推动水文高质量发展和开展党史学习教育相结合，成立专项工作组，制定创建方案和工作清单，开展水文大讲堂、毅行唱红歌、清明祭英烈等系列红色主题文明创建活动。安徽省深入开展调查研究，多篇调研报告在全国、全省水利政研会成果评比中获奖。福建省始终坚持文明创建"融入业务、推动发展、服务社会"的工作理念，把文明创建开展在服务水安全、水生态、水资源等中心工作以及疫情防控、脱贫攻坚等重点工作一线。四川省印发《省水文局党史学习教育专题学习方案》。甘肃省将党史学习教育成效转化为"为群众办实事"和改善发展环境的具体实践，解决了机关办公面积紧张的问题，积极争取落实基层水文野外津贴纳入预算，开办单位食堂等，使职工群众的获得感、幸福感进一步增强。

3. 精神文明建设成果丰硕

全国水文系统围绕新阶段水文事业发展，不断丰富精神文明创建的内容、形式、方法，推进开展精神文明创建活动。

长江委水文局长江中游水文水资源勘测局、长江委水文局长江口水文水资源勘测局、黄委三门峡库区水文水资源局等 15 家单位获第九届全国水利文明单位；长江委水文局技术中心党支部、海委水文局党支部被水利部评为第一届"水利先锋党支部"；长江委 3 名职工分获全国五一劳动奖章和全国技术能手、国家技能人才培育突出贡献个人称号。黄委全国文明单位年度复查获考省直考核组好评（图 2-11），跻身第一梯队，全国文明单位宣传通讯先后登录"学习强国"平台、"水利文明"微信公众号。太湖局水文局机关和直属太湖流域水文水资源监测中心成功创建水利行业节水型单位；太湖局水文水资源处（水情处）获 2020 年度上海市三八红旗集体、信息管理处规划管理科获 2020 年度上海市巾帼文明岗；太湖局水文职工沈一波获全国五一劳动奖章、全国水利技术能手称号。北京市水文总站龚义新荣获"北京大工匠"称号。山西省大同水文站职工书屋荣获中华全国总工会"职工书屋"称号。上海市水文总站获评上海市文明单位。浙江省水文管理中心吕振平荣获浙江省农业科技先进工作者、何小龙被评为浙江省"十三五"实行最严格水资源管理制度成绩突出个人、刘福瑶和金华市水文管理中心黄忱荣获 2021 年度全省水旱灾害防御工作成绩突出个人。安徽省水文局获评省直机关文明单位，安徽省宣城水文勘测队党支部被中共中央授予"先进基层党组织"荣誉称号。福建省水文水资源勘测中心被授予省直机关先进基层党组织、福建省模范职工之家荣誉称号。山东省水文系统17 家单位实现省部级以上文明单位全覆盖。湖南省水文中心 2 名职工分获"第八届全国道德模范"提名奖、"全国水利扶贫先进个人"称号。河南省水文水资源局、云南省水文局荣获"全国水利扶贫先进集体"。广东省水文局佛山市水文分局水情科、河南省安阳市水文分局水质科被评为"全国青年文明号"。云南省水文局荣获"全国水利扶贫先进集体"。江苏省水文系统共有"江苏省文明单位"12 家、"市级文明单位"3 家，首次实现文明单位全覆盖，江苏省水文水资源勘测局团委获得"江苏省五四红旗团委"称号。

图 2-11　黄委水文局全国文明单位揭牌仪式

长江委水文局承办长江委首届亲子科普体验活动，20 多个家庭参观汉口水文站，获评全国科普日优秀活动。黄委积极开展"河南省新时代文明实践推动周"、暴雨救灾、疫情防控、全城清洁、文明交通、义务植树等志愿服务 25 次。

为贯彻落实北京市"文明驾车 礼让行人"专项整治行动，北京市组织干部职工于 10 月份起每周一早晚高峰开展交通志愿文明引导工作，维护安全有序的道路交通环境，弘扬了"奉献、友爱、互助、进步"的志愿服务精神。黑龙江省水文志愿服务团队获得黑龙江省志愿服务"五个 100"先进典型优秀志愿服务组织。宁夏回族自治区 58 名党员干部职工深入社区开展疫情防控志愿服务，2021 年 12 月 13 日"水文中心青年志愿服务队"荣获宁夏回族自治区团委"2021 年疫情防控优秀青年集体"。

4. 文化建设成绩突出

黄委制定印发了《黄河水文文化建设实施方案》，重点开展了"一项特色品牌活动"——黄河水文公众开放日活动（图 2-12），初步建成了"一个文化建设影像展示平台"——黄河水文文化影像智能处理平台，续编《黄河水文志》（1988—2020）并出版发行。珠江委按照"一站一景、一基地一窗口"水文文化建设理念，精心打造南沙基地文化墙及水文文化陈列馆。松辽委围绕文化建设，提升精神文明感染力，充分利用松辽水利网、《松辽论坛》期刊、松辽水文微信公众号等加强宣传力度，开展学习型、服务型单位建设。太湖局以"感受百年站点 传承水文精神"为题举办道德讲堂，传承弘扬水文精神。上海市编制印发首部水文总站年鉴、制作水文行业原创音乐视频。江苏省开展"百年老站"系列宣传。安徽省深入开展群众性文化活动，开展全民阅读、读书月和全民健身周活动，连续多年举办水文系统职工运动会。福建编制了水文画册，举办全省水文系统"忆党史铭党恩 学先进促力行"主题征文和"党心忆百年·墨影颂华章"书法摄影作品征集等系列庆祝活动。山东省制定印发了《山东省水文中心水文文化建设规划》，开展省水文系统第一届水文文化与水文设施有机融合典型评选活动。河南省开展"最美水文人"、五一劳动奖状（奖章）、各类道德模范、工人先锋号等先进典型选拔。广西壮族自治区举办全区水文"党史大讲堂"文艺活动。重庆市依托郭家水文站技术应用优势，融合水文化科学内涵，倾力打造重庆水文文化教育基地和新兵培训教育基地。青海省举办了"奋斗百年路 启航新征程"主题演讲比赛和"百年扬帆共读史 砥砺奋进新征程"主题红色经典读书分享活动。宁夏回族自治区坚持"品牌引领、全域覆盖、特色鲜明、精品呈现"的理念，搭建"中心－分局－测站"三级水文文化宣传阵地。

图 2-12 "黄河水文公众开放日"启动仪式

第三部分

规划与建设篇

2021年，全国水文系统强化顶层设计，水文规划编制成效显著，各地积极组织推进项目前期工作，做好项目储备。抓好年度投资计划执行，加强项目建设管理，深入开展水文基础设施提档升级，加快推进水文现代化建设，水文测报能力稳步提升。

一、规划和前期工作

1. 水文规划编制工作

2021年，水利部水文司组织编制完成并印发《水文现代化建设规划》（简称《现代化规划》）和《全国水文基础设施建设"十四五"规划》（简称《水文"十四五"规划》）（图3-1）。国家发展改革委委托中国国际工程咨询有限公司对《水文"十四五"规划》进行了评估，7月，中国国际工程咨询有限公司出具了评估意见。10月，两个规划通过了水利部部务会审议，并按照部务会意见进行了修改完善，12月，水利部、国家发展改革委联合印发《水文"十四五"规划》，水利部印发《现代化规划》，作为当前和今后一段时期全国水文现代化建设的重要依据。

为指导水文现代化建设，水利部水文司组织编制了《水文现代化建设典型设计》。在开展调研分析、论证比选、专题研究和专家咨询等工作基础上，在全国范围内征集了水文站建设典型案例，充分借鉴各地水文现代化建设的经验成果。9月，组织中国国际工程咨询有限公司等有关单位专家进行审查，完成《水文现代化建设典型设计》并以办公厅文件印发。

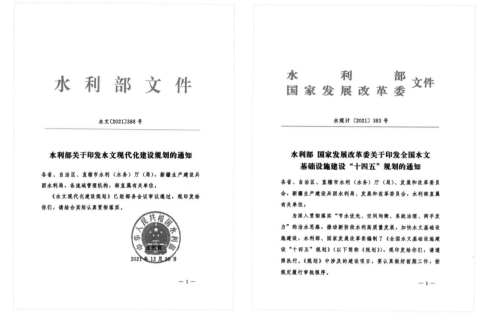

图3-1 《水文现代化建设规划》和《全国水文基础设施建设"十四五"规划》

各地水文部门结合《现代化规划》和《水文"十四五"规划》编制工作，梳理本流域、本地区经济社会发展需求和水文工作新任务，以提高监测能力、预警预报能力和信息服务能力为目标，积极推进地方水文现代化规划和各类专项规划编制印发，取得了丰硕成果。黄委编制并印发《黄河水文发展"十四五"规划》，将作为"十四五"黄河水文高质量发展的指导性文件，为黄河流域生态保护和高质量发展提供有力支撑。浙江省组织编制了《浙江省水文事业发展"十四五"规划》，该规划被列入浙江省政府"十四五"专项规划，于2021年5月获浙江省水利厅批复并印发，规划总投资20.98亿元。云南省组织编制了《云南省"十四五"水文事业发展规划》，为全省84个省级一般专项规划之一，2021年12月经省人民政府同意，由云南省水利厅正式印发。此外，辽宁、黑龙江、福建、广东、广西、西藏、宁夏等省（自治区）也编制并印发了省级水文现代化建设规划或水文事业发展规划。

2. 加快推进项目前期工作

水利部水文司组织召开水文规划计划工作座谈会，并印发《关于加快水文项目前期工作和 2021 年项目建设进度的通知》，督促和指导中央直属和地方水文单位针对列入《水文"十四五"规划》的重点项目，抓紧开展前期工作，做好项目储备。积极推动直属水文项目前期工作，协调推动长江委上游测区寸滩、清溪场等国家基本水文测站提档升级共 88 个项目可行性研究报告审批，并按审查意见进行修改。加大力度督促指导地方水文项目前期工作，完善工作机制，指导地方水文单位积极推进重点项目前期工作，及时跟踪前期工作进展。推动落实水文测站统一高程测量等水文相关项目经费。

各地水文部门按照统一部署和要求，结合工作实际，加快推进列入《水文"十四五"规划》的国家基本水文测站提档升级建设、大江大河水文监测系统建设、水资源监测能力建设、水文实验站建设等项目前期工作。河北、山西、内蒙古、辽宁、黑龙江、安徽、江西、广西、重庆、贵州、陕西、青海、宁夏等省（自治区、直辖市）的项目都通过了地方发展改革部门或水利部门的审批，充实了项目储备，为争取投资创造了有利条件。

各地水文部门积极争取其他渠道投资并组织开展项目前期工作，储备了一批地方水文建设项目。河北省完成《雄安新区防汛指挥系统与水文站网提升改造工程可研方案》审查，项目总投资约 10 亿元。内蒙古自治区完成了《岱海入湖径流水文监测服务能力建设实施方案》和《察汗淖尔生态保护与修复项目水文监测及服务能力建设实施方案》，通过自治区水利厅审批，2022 年投资开始实施。根据中共河南省委河南省人民政府印发的《关于加快灾后恢复重建的若干政策措施》的通知，河南省完成《河南省特大暴雨灾后水利基础设施水毁工程恢复重建项目水文基础设施水毁恢复重建项目可行性研究报告》及《水文基础设施水毁恢复重建项目水文应急监测能力提升可行性研究报告》的编制工作。甘肃省根据《甘肃省水利厅关于印发甘肃省陇南等地暴雨洪涝灾害灾后恢复重建规划水利专项实施方案的通知》，编制完成《甘肃省陇南等地暴雨洪涝灾害水文设施灾后恢复重建实施方案（近期）》并通过批复。

二、中央投资计划管理

2021 年，国家发展改革委和水利部下达全国水文基础设施工程中央预算内投资计划 15 亿元，其中中央投资 12 亿元、地方投资 3 亿元，中央投资比 2020 年翻了一番。其中包括国家基本水文测站提档升级建设、大江大河水文监测系统建设、水资源监测能力建设、跨界河流水文站网建设、水文实验站建设、墒情监测建设等项目，安排实施 7 个流域管理机构和 16 个省（自治区）2481 处水文测站、水文巡测基地和水质实验室提档升级建设。

地方水文基础设施建设投入不断加大，2021 年落实地方项目投资约 9 亿元。河北省开展 24 处国家基本水文站视频监视系统建设水文监控系统建设，依托互联网政务云构建全省水文监控体系，2021 年落实投资 900 万元。黑龙江省组织实施地下水监测站网建设工程（二期），建设地下水观测井 1017 处，升级改造 4 处地市分中心，落实项目资金 6291.25 万元。浙江省 2021 年落实地方投资 3.7 亿元，其中水文测报能力提升工程涉及全省 11 地市 3169 个水文测站的新建、改造，通过多渠道筹措资金，项目投资 3.1 亿元；全省 18 个水文现代化示范站建设，项目投资 5003.5 万元。山东省 2021 年共下达地方水文投资计划 2.9 亿元，其中水文设施建设工程 2.3 亿元。广东省落实地方投资 6050 万元，包括广东省中小河流水文监测系统、广东省第三次水资源调查评价等多个项目。重庆市 2021 年争取市级水文站自动化升级改造项目市预算内统筹资金 1800 万元，主要用于泰安、虎峰、青杠、长滩、金子、黔江、秀山、濯河坝等 8 处水文站基础设施建设。四川省积极支持水文基础设施建设，2021 年共落实地方投资 2076.18 万元。贵州省 2021 年落实地方投资 1288 万元，用于黔南州桃花蒸发实验站建设工程、贵州省视频识别生态流量试点建设等 10 个项目建设。

三、项目建设管理

1. 规范项目管理制度建设

全国水文系统依据国家基本建设有关制度规定、水利部《水文基础设施项目建设管理办法》（水文〔2014〕70号）等管理办法和技术规程，加强项目建设管理，结合水文项目建设特点，规范完善项目管理、财务管理、合同管理、质量管理、验收管理等规章制度，确保项目从立项、设计、招标、实施全过程的规范化、制度化和程序化。水利部水文司组织修订《水文设施工程验收管理办法》，对《水文设施工程验收管理办法》的修订开展专题研讨、征求意见，并修改完善。

长江委根据近年来在水文基础设施项目建设方面颁布的新规定和新要求，结合当前长江水文基础设施项目建设管理工作实际，对《水文局水文基础设施项目建设管理规章制度汇编》进行了修编。北京市修订了《北京市水文总站项目管理办法》《北京市水文总站采购及购买服务比选管理办法》等，为项目实施及招标、比选做好服务保障工作。江西省按照"精而实用"的原则，编制了《江西省水文设施项目建设管理办法（试行）》《江西省水文监测中心水文实施建设项目部规章制度汇编》《江西省水文设施建设管理相关法规（办法）汇编》等规章制度，为项目管理提供了制度保障。陕西省制定了《陕西省水文基础设施建设项目质量管理细则》，进一步明确了项目法人、勘察设计单位、施工单位和监理单位质量管理责任；修订了《陕西省水文基础设施建设项目设计变更管理细则》，进一步明确了设计变更流程，建设管理人员、机构管理权限，变更时限，确保投资质量与进度管理相协调。

2. 加强项目建设指导监督

水利部水文司加强项目建设监督和指导，印发《关于加快推进2021年水文投资计划执行的通知》，积极推进水文投资计划执行。对投资计划执行滞后的 10 个省（自治区）和 7 个直属单位印发督办函，要求各单位切实加快项目执行进度，报送实施计划，按旬跟踪督促。分流域进行督办，组织流域管理机构对水文基础设施建设进度滞后的省（自治区）开展督导检查，加强督导管理，要求各地足额配套地方资金，加快建设进度，严格按批复方案组织实施等。水文司组织召开计划执行约谈视频会，对进度滞后的省份进行"一对一"约谈，指导推动计划执行，提出整改建议，有力推进了项目建设进度。

各地水文部门克服资金到位晚、疫情时间长、汛情范围广、有效工期短等众多不利因素，及时调整工作思路，坚持抓好项目法人责任制、招标投标制、建设监理制和合同管理制等四项工程管理制度的落实，采取多种措施，保障项目顺利建设实施。长江委加强对基层勘测局基建管理工作的监督指导，认真梳理历年基建管理中的不足，结合历年督查及审计意见，就"建设单位如何加强建设管理"在基层勘测局进行宣讲，提升基层勘测局基建项目建管水平。黄委创新举措，保障质量与安全，在施工关键期开展现场检查 15 次，做到了现场检查和质量监督全覆盖；在疫情与汛情影响期间建立视频监控巡查制度，确保工程实体质量；加强质量抽检，开展钢结构测桥等工程实体检测，抽样送检 42 批次。山东省多措并举，狠抓工程建设进度，每月召开调度会议，对全部建设项目进行盘点和总结，做好协调和对接工作，全力推进工程建设进度；加强督导检查，制定了《全省水文设施工程建设项目检查方案》，派出巡回督导组对在建水文设施工程建设现场的质量、进度、安全工作进行巡回督导。湖南省开展 2019—2020 年度建设项目专项督查行动，制定了《专项督查实施方案》，对全省 14 个市州 2019—2020 年度建设项目进行了现场督查检查，收集自检报告 14 份，形成现场督查检查成果 63 份，促进建设项目工程安全、资金安全、干部安全。云南省印发了《云南省水文水资源局关于成立"十四五"期间项目前期工作及建设管理领导小组的通知》，将"十四五"期间建设任务项目化、项目清单化、清单责任化，稳中求进扎实推进"十四五"项目建设工作。

3. 做好项目验收管理

水利部水文司印发《关于做好水文项目竣工验收和运行管理工作的通知》，梳理统计《全国水文基础设施建设规划（2013~2020 年）》项目竣工验收情况，督促建成的水文项目抓紧组织竣工验收，保证投资切实发挥效益。

各地按照水利部《水文设施工程验收管理办法》和《水文设施工程验收规程》，结合年度建设任务和项目实施进度，认真制定项目验收工作计划，及时做好项目竣工验收准备，加快开展项目验收工作。黄委完成大江大河一期 26 个子项目竣工验收，通过现场实量实测、仪器设备逐个清点等方式，把住竣工验收关口。海委完成了海河下游水文巡测基地设备购置项目竣工验收。珠江委完成《珠江流域省界断面水资源监测站网新建工程（一期）》等 7 个项目竣工验收。河北省完成水资源监测能力与饮用水安全应急监测建设项目、河北省 2012—2013 年中小河流水文监测系统建设项目、河北省大江大河水文监测（一期）建设项目等 18 个项目的竣工验收。辽宁省完成了辽宁省大江大河水文监测一期建设工程、辽宁省水资源监测能力（一期）建设工程、辽宁省饮水安全应急监测工程竣工验收工作。江西省完成江西省水文基础设施一期（2015—2017 年）、江西省水文实验站（2018—2020 年）、江西省水资源监测能力及饮用水安全应急监测（2018—2020 年）3 个建设项目的工程竣工验收。

4. 运行维护费落实情况

2021 年，水利部水文司组织落实中央直属单位水文测报经费 2.11 亿元、水文水资源监测项目经费 1.05 亿元。各地水文部门积极落实水文运行维护经费，做好水文监测信息采集、传输、整理和水文测验设施维修检定等工作，保障水文基础设施运行管理。内蒙古自治区采取专门立项、积极争取的方式向自治区财政申请运行维护经费，并获得地方财政的大力支持，2021 年申请信息化平台运行维护、业务用房及专用设备运行维护、综合业务保障等项目三大类，运行维护经费共申请 3816 万元。辽宁省全年落实水文运行维护工作业务经费

8038.9 万元。江苏省全年落实水文运行维护经费 4100 万元。浙江省 2021 年度用于水文运行维护工作的业务经费 5300 万元。山东省 2021 年度共落实水文设施运行维护经费 8055 万元。广东省 2021 年由省级财政安排部门预算运转性项目资金 8631 万元，使用其他资金在部门预算中安排 11647 万元。四川省落实水文运行维护经费 4285.7 万元。贵州省积极主动与省财政厅、省水利厅、省大数据局等单位汇报沟通协调，在财政资金异常紧张的前提下，2021 年省级财政预算下达运行维护费 3287.43 万元。

第四部分

水文站网管理篇

2021年，全国水文系统持续加强站网管理工作，强化站网布局顶层设计，稳步充实完善国家基本水文站网，推进水文测站标准化规范化管理，加强水文站网保护，全国水文站网整体功能进一步提升。

一、水文站网发展

截至2021年年底，按独立水文测站统计，全国水文系统共有各类水文测站119491处，包括国家基本水文站3293处、专用水文站4598处、水位站17485处、雨量站53239处、蒸发站9处、地下水站26699处、水质站9621处、墒情站4487处、实验站60处。其中，向县级以上水行政主管部门报送水文信息的各类水文测站70261处，可发布预报站2521处，可发布预警站2583处。全国水文基础设施建设持续推进，中小河流水文监测系统、山洪灾害防治及国家防汛抗旱指挥系统、水资源监测能力建设、国家地下水监测工程等专项工程建设完成，新建改建的水文测站投入运行，目前已基本实现了对大江大河及其主要支流、有防洪任务的中小河流水文监测的全面覆盖。

国家基本水文站网稳步发展，各地持续推进符合条件的专用水文测站调整为国家基本水文测站，充实国家基本水文站网，国家基本水文站3293处，较上一年增加28处。专用水文站4598处，近几年持续增加。2021年，浙江等地新建了一批专用水位站，全国水文系统水位站总数达17485处。

截至2021年年底，水文部门有地下水站26699处，其中，浅层地下水站22339处、深层地下水站4360处、人工监测站9360处、自动监测站17339处，自动监测站较上一年增加 1773 处，自动化监测水平逐步提升。地下水站网进一步优化调整，监测范围覆盖到全国主要平原区和 16 个主要水文地质单元，实现了对我国主要平原、盆地和岩溶山区地下水动态的有效监控。

水文部门持续优化调整水质水生态监测站网。全国现有 337 个水质监测（分）中心，独立的水质站（地表水）9621 处，按观测项目类别统计，开展地表水水质监测的测站（断面）有 10970 处。水生态范围持续扩展，共有 823 处测站开展水生态监测。水质在线自动监测稳步发展，现有地表水水质自动监测站 459 处，地下水水质自动监测站 81 处，自动监测项目涵盖溶解氧、浊度、氨氮、高锰酸盐指数、化学需氧量等。水质水生态监测范围覆盖全国主要江河湖库和地下水、重要饮用水水源地、行政区界水域等。

2021 年，全国水文系统立足新阶段水利高质量发展要求，加快推进水文现代化，围绕全要素全量程全自动的监测目标，加强新技术新仪器应用，开展了侧扫雷达、视频流量在线监测技术和量子点光谱、称重式泥沙在线监测系统研发攻关和比测分析等。其中，雨量、水位、墒情基本实现自动监测，35.4% 的水文站实现流量自动监测，64.9% 的地下水站实现自动监测，其中国家地下水监测工程建设的站点 100% 实现自动监测。

水文自动化、现代化建设稳步推进，各地水文部门现有 2524 处测站配备在线测流系统，5331 处测站配备视频监控系统，无人机、多波束测深仪、双频回声仪等先进装备在水文测量和应急监测中发挥了重要作用。

二、站网管理工作

1. 强化站网基础

水利部水文司组织开展百年水文站认定工作，以水利部文件印发了《水利部关于印发百年水文站认定办法（试行）的通知》（水文〔2021〕260 号），编制完成《百年水文站认定与保护实施方案》，组织有关流域管理机构、有关省（自治区、直辖市）、南京水利科学研究院完成百年水文站的申报、审核等工作，同时组织开展了百年水文站标识（LOGO）设计征集活动及标牌设计工作。

全国水文系统围绕新发展阶段水利和经济社会发展需求，按照水文现代化建设规划近期和远期目标，对水文站网进行补充调整。

珠江委进一步完善站网布局，补充完善珠江省界水文监测站，增加三溪、车湾村、栗源、赤石、宜章、马芜、东华和龙岩等 8 个水文站，提高省界水资源监测覆盖率；新建西江水生态试验站，填补水生态站空白；在天河、挂定角、竹洲、大林、黄冲、大虎、冯马庙、横门东、万顷沙东、横门南等 15 处珠江三角洲及省界水文测站增加水质监测项目，为水资源管理和水生态保护服务，以完善水质监测站网。

松辽委水文局组织完成了嫩江水文站纳入国家基本水文站的技术论证工作，由水利部审批同意后将嫩江水文站纳入了国家基本水文站管理。

太湖局编制完成《太湖局水文现代化建设规划》，相关建设内容纳入《全国水文基础设施建设"十四五"规划》，完成 2 处专用水文测站、1 处水文巡测基地改建，正在开展 1 处国家基本水文测站提档升级、1 处大江大河水文站新建、9 个中小河流水文测站改建以及 1 处水文巡测基地新建的前期工作，进一步提升站网监测能力。

北京市根据《市水务局关于报送北京市十四五时期水文站网规划建设需求的函》，开展水文站网建设前期工作，系统梳理"十四五"期间地表水文站网建设需求，完成《十四五水文站网建设可行性研究报告》现场踏勘前期工作，经梳理，"十四五"期间拟新建改建各类地表水文监测站点 206 个，其中新建 145 个，改建 61 个。

天津市结合实际，参照水文现代化建设要求，编制完成《天津市取水监测计量体系建设项目（一期）初步设计方案》，新建大清河和永定河入境水量自动监测站，在北大港水库水文站加装 1 套时差法流量计，推进水文现代化建设，已报天津市财政，2022 年实施。

吉林省完成《吉林省水文基础设施"十四五"建设规划》中有关站网建设的 5 个项目编制工作，完成《吉林省国家基本水文站提档升级建设工程（一期）初步设计变更报告》编制工作，将水文信息接收处理系统升级改造和水文测站 2G 通信模块升级改造 2 项建设内容纳入基本水文站提档升级建设工程中。

黑龙江省完成了《黑龙江省水文基础设施建设"十四五"规划》中改建水文站 40 处、水位站 10 处、雨量站 50 处等站网规划内容可研报告的编制，并上报国家发展改革委待批复。

浙江省水文管理中心积极推动工程带水文工作，派出技术人员参加温州瑞安市飞云江治理二期工程、丽水市大溪治理提升改造工程、扩大杭嘉湖南排后续东部通道工程（麻泾港整治工程）、杭州建德市三江治理提升改造工程等 45 个省级水利工程项目的审查会议，并提出 50 余项工程带水文建议，促进水文与水利建设同步协调发展。

安徽省完成《安徽省水文事业"十四五"发展规划》编制工作，《安徽省国家基本水文测站提档升级（一期）及水文实验站建设工程初步设计》《安徽省水资源监测能力及中小河流重点洪水易发区水文监测应急（一期）建设工程初步设计》通过省水利厅审批，王家坝水文巡测基地、省级水文应急机动测验队、滁州水质实验室、阜阳水质实验室、8 个基本水文站和 1 个实验站的新（改）建前期工作已经基本完成。

江西省按照"一数一源"工作方案，对全省水文部门负责运行管理的水文测站进行全面梳理，形成《江西省水文站网梳理问题处理方案》，分两批对一址多站、一站多码、重名重码等问题涉及的 626 处测站站网信息进行优化处理；按照站网审批有关权限和程序要求，对《2020 年水文站网优化调整分析论证报告》中涉及的站网调整审批事项进行集中审查，根据审查意见，以《江西省水文监测中心关于 2020 年水文站网优化调整事项的批复》（赣水文建管字〔2021〕5 号）文，批复全省 165 处站网优化调整事项。

湖南省编制了《湖南省水文现代化建设规划》，其中水文站网规划部分提出，推进地表水与地下水兼顾、水量与水质结合，建设点、线、面全覆盖的现代化水文监测站网，完善国家水文站网，形成布局合理、结构优化、覆盖全面、功能完善的现代水文监测站网体系；编制了湖南省水文站网分析报告，对全省现有水文站网的数量和分布情况，从站网分布、站网布设密度和优化调整情况等方面进行了分析研究；为摸清水文家底，加强水文站网管理和保护，湖南省全面清理收集省境内各类水文测站基础信息，整理审核形成《湖南省水文测站名录》，省水利厅已正式公布，《湖南省水文测站名录》共收录全省各类独立水文测站 7363 处，其中水文站 582 处，水位站 2951 处，降水量站 3510 处，墒情站 35 处，地下水站 95 处，地表水水质站 190 处，无独立蒸发站、水温站和泥沙站。

广东省积极做好水文现代化建设站网规划等基础工作落实落地，《广东省水文现代化建设规划》于 2021 年 7 月获得省水利厅批复同意，水文现代化工程纳入"851"广东水利高质量发展蓝图 8 大工程。

广西壮族自治区编制完成《广西水文基础设施建设"十四五"规划》，通过自治区水利厅审查批复；完成广西国家基本水文站提档升级（二期）工程、广西行政区界水文监测站网建设工程、广西水资源监测能力建设工程等 5 个项目可研、初设报告编制和报批。

四川省不断优化完善水文监测站网，在重点城镇（县级以上）、控制性水库入库位置、中小河流水文监测空白区域增补一批水文监测站点，规划新建346 处站点，其中 20 个水文站、167 个水位站、159 个雨量站；加强新建机构水文测报能力建设，规划开展广安、巴中、资阳、自贡、攀枝花、凉山 6 个水文分中心巡测基地（含水质分中心）建设，德阳、乐山、甘孜 3 个水质分中心建设和阿坝、绵阳2个水质分中心改造，16处县级测报中心必要基础设施建设，对60处县级测报中心配置急需水文测报装备；加快水文监测站网提升改造，拟对全省66个水文站、12个水位站、282个雨量站按照自动测报要求进行改造升级，开展标准化建设，提升现代化水平；开展重要水库水雨情与水资源监测站建设，按照水文测站建设要求，由相关市（州）水利（水务）局组织建设295个重要水库的水雨情与水资源监测站。

贵州省编制了《贵州省水文"十四五"高质量发展规划》，规划期内，共建设水文测站939处，水文巡测基地6处、水质实验室9处，水文业务系统4处；及时高效组织开展了2021年、2022年基础设施建设的可研和初设工作，方案通过了省发展改革委审查和批复。贵州省水文局于2021年6月完成了全省517处水文（位）站功能复核，10月完成了非水文部门雨量站基础情况调查和水文部门1527处雨量站复核与评价，提出补充、调整和完善贵州省水文站网的意见，向省水利厅上报了工作成果和《贵州省水文水资源局关于请求贵州省水利厅审批全省水文站网调整的请示》《贵州省水文水资源局关于请求贵州省水利厅审批全省雨量站网调整的请示》。

新疆维吾尔自治区根据《新疆水文基础设施建设"十四五"规划》内容，自治区水文局编制了2021年建设项目实施方案，2021年4月25日新疆维吾尔自治区发展改革委以《自治区发展改革委关于博州水环境监测分中心改建工程实施方案的批复》（新发改农经〔2021〕59号）、《自治区发展改革委关于28处基本水文站提档升级项目实施方案的批复》（新发改农经〔2021〕60号）、《自治区发展改革委关于新疆维吾尔自治区三处移动实验室及伊宁市水文巡测基地新建工程实施方案的批复》（新发改农经〔2021〕61号）对实施方案进行了批复。3个项目下达投资计划5201万元，其中：中央预算内投资3902万元，地方投资1299万元。投资计划下达后，自治区水文局高度重视，制定相关管理办法，项目各单位积极组织招投标工作，建设工作有序展开。

2. 规范测站管理

为加强水文测站管理，强化站网整体功能，全国水文部门加快推进符合条件的专用水文测站纳入国家基本水文站网管理。河北、辽宁、浙江、四川、陕西、新疆等省（自治区）积极推进部分专用水文测站纳入国家基本水文测站管理，2021 年共有 170 处专用水文测站转为基本水文测站，及时充实了国家基本水文站网，进一步完善站网整体功能。

2021 年，珠江委和北京、黑龙江、江苏等省（直辖市）水文部门进一步完善水文测站管理相关制度建设。珠江委水文局研究制定了水文局巡测站管理制度和水质自动监测站管理制度，于 4 月 19 日通过了局内审查。北京市编制印发了《北京市水文站管理办法》，进一步明确水文站分级分类、规划、建设、审批、运行和监督流程，逐步解决"规划外建设""重复建设""未批先建"等水文站管理工作中存在的突出问题，实现水文站规范管理。黑龙江省重新修订了《黑龙江省水文队站管理办法》《黑龙江省委托站管理办法》等 2 项管理办法。江苏省编制了水文测站千分制考核管理办法，从组织、安全、运行、经济管理等四个方面规划水文测站管理单位考核新方法。

黄委、太湖局等流域管理机构和北京、吉林、上海、江苏、浙江、安徽、江西、山东、云南、新疆等省（自治区、直辖市）水文部门持续推进水文测站标准化建设和管理创建工作。黄委持续开展水文测验方式优化分析，指导各水文水资源局开展驻巡结合测验模式改革，重点推进河南水文水资源局洛阳测区、三门峡库区水文水资源局西峰测区、上游水文水资源局西宁测区驻巡结合测验模式改革，提高水文监测效率；12 月中旬，黄委水文局先后组织审查、批复了河南水文水资源局、三门峡库区水文水资源局、上游水文水资源局三局上报的"驻巡结合"方案（黄水测〔2021〕29 号、30 号、31 号）。太湖局以建党百年为契机，组织开展"建党百年庆，站长百日行"专项行动，组织基层一线测验人员持续 100 个工作日交流分享站网管理与水文测验相关知识点和经验心得，切实提升了测站管理人员技术能力，取得较好效果。北京市编制印发了《北京市水文站管理办法》《北京市水文站标准化三年行动方案》，计划利用3年时间，全市水文站实现"测站性质明晰、职责事项清晰、人员岗位相应、设施设备齐全、资料整编规范、测站环境优美、管理制度健全、文明创建高效"，建立标准化运行管理的长效机制。吉林省组织修订《吉林省测验仪器设备管理制度》《吉林省水文资料整编工作管理办法》《吉林省水文水资源局水文自动测报监测运行考核办法》《吉林省水文水资源局水文监测监督检查办法》等4项工作制度并印发执行，进一步加强水文监测监督管理，对全省9个分局、22个水文勘测队、29个水文站进行了水文监测工作专项检查，年底对各分局水文自动测报监测运行情况进行考核，成绩纳入年终考核总成绩中，有效促进各分局规范化工作，加强了对自动测报设备设施的管理。上海市积极推进水文测站依法依规管理，开展了国家基本水文测站水文监测环境保护范围划定工作，嘉定、黄浦、奉贤、崇明、浦东、长宁、普陀、宝山等8个区政府已批复同意共计33个国家基本水文测站的水文监测环境保护范围，取得了历史性的突破。江苏省完成了全省40个水文监测中心工作手册和532个水文测站操作手册编制，实现水文测站精细管理有章可循。浙江省编制印发《浙江省专用水文测站代码编制规则》，加强专用水文测站信息的统一管理，实现测站信息的规范化、标准化；研究出台水文测站分类分级管理办法，结合浙江省实际，对全省水文测站管理现状进行调研，完成《浙江省水文测站分类分级管理调研报告》编制。安徽省完成了天长、横排头、大奢坊水文站的新技术应用示范水文站创建工作，组织人员编制完成了水文站新技术应用示范创建实施方案，各站结合测站自身特点，重点围绕监测量程全覆盖、信息传输双备份、成果展示可视化和测站管理规范化开展创建工作，同时对创建前的全量程自动化采集设备进行能力提升，对测站管理规范化进一步强化。江西省在已完成了全省所有国家基本水文站、4处专用水文站及3处基本水位站共126处水文测站标准化管理达标创建工作的基础上，根据

《关于坚持常态化推进水文站标准化管理的通知》（赣水文建管字〔2021〕9号）目标要求，计划用3年时间完成剩余119处专用水文站标准化管理创建，最终达到水文站标准化管理全覆盖，其中2021年46处专用水文站标准化管理达标创建已通过评价验收，有力提升了江西省水文测站标准化、规范化、科学化管理水平。山东省积极开展现代化水文示范站建设，组织审查了31处示范站创建实施方案，并纳入候选名录；制定了《山东省水文中心新技术应用示范站创建标准》，成立督导组实地检查指导示范站创建工作；各市水文中心结合自身实际积极开展工作，经现场验收和综合评议，最终确定11处水文站为山东省水文现代化示范站。云南省全面完善《水文测站规范化管理办法》，强化测站规范化管理，组织推进水文监测环境保护范围确权定界工作，完成461处水文（位）站监测环境保护范围确权定界的政府公告，421处水文（位）站界桩安装和430处水文（位）站保护标识牌安装。新疆维吾尔自治区编制印发了《新疆维吾尔自治区水文局水文测站规范化管理实施办法（试行）》《新疆维吾尔自治区水文系统水文监测资料使用管理指导意见》。

3. 推进水文站网管理系统建设

各地积极推进水文站网管理系统建设。长江委水文局完成了长江智慧水文监测系统（WISH系统，图4-1）的主体功能研发，在汉江局开展全面试用，

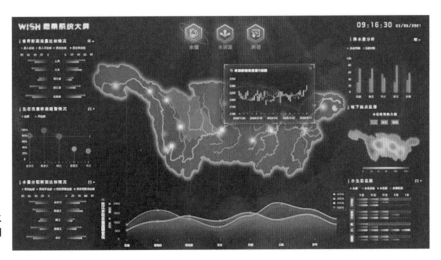

图4-1 长江智慧水文监测系统（WISH系统）

在中游局、下游局等开展系统测试，目前系统已取得计算机软件著作权 6 项。

珠江委充分利用大数据、云计算、物联网、移动互联网、人工智能等现代信息技术手段，建设珠江水文云数据中心，为"动态掌握水文状况，长序积累水文档案，长效保持水安全状态，最严格管理水资源"提供体系化的水文信息服务。河北省充分利用水文业务系统整合契机，设计研发了水文站网管理信息系统，目前系统已进入试运行阶段，提高了测站测验信息处理、站网管理水平。浙江省在"浙江省江河湖库水雨情监测在线分析服务平台"开展"我的测站"场景应用开发，以"测站信息全覆盖、测站业务标准化、测站监管全过程"为目标，完成雨量、水位、流量 3 个主要水文要素，开发相应模块功能，并在 3 个分支站和全省 15 个重要水文测站测试运行。同时，进一步迭代完善江河湖库平台水文测站标准化运行管理模块，通过"数字变革"充分发挥平台效益，目前全省水文测站在管理平台上实现统一采集测站信息、自动编制站码、自动审核基础信息等功能；新增水文监测监督整改功能模块，对市县检查整改结果实行网上闭环管理。福建省 2020 年起开始建设水文自动整编系统，该系统已于 2021 年 12 月通过省中心组织的专家审查正式上线运行，构建了测站管理、监测、整编、入库、存档一体化平台，实现了福建省水文资料在线整汇编与合理性分析审查，进一步提高了整编成果的准确性和时效性。江西省依托江西省中小河流水文监测系统建设工程预警预报软件系统项目，建设开发了江西省水文站网管理系统，包括站网地图、站网查询、资料维护、站网审批、水文统计、系统管理等功能，全面实现了江西省各类水文测站的站网基础数据的统一管理、统一存储、统一维护、统一发布，对站点现状、规划、设立、迁建、撤销等进行全过程管理，促进了水文站网规划、管理的科学化和规范化。山东省依托重点水利工程建设，开发了"水文一张图"系统，实现了各类站点基础信息的查询和汇总功能。云南省开发完成了云南水文站网管理系统，设计了站网一张图、测站信息管理、测验管理等功能，提升了全省站网管理信息化水平。

第五部分

水文监测管理篇

2021 年全国水文系统深入贯彻党中央国务院决策部署和水利工作要求，按照水文现代化建设要求，加快水文测站和监测手段提档升级，积极开展水文标准体系建设，规范水文计量管理，推动新技术装备配备和应用，开展河湖水文映射试点工作，大力提升水文信息化、数字化、智能化水平。围绕水文测报工作的重点难点，强化"四预"措施，凝心聚力、真抓实干，为水旱灾害防御提供了有力支撑。

一、水文测报工作

1. 做细做实汛前准备

水利部副部长魏山忠在 2021 年全国水文工作视频会议上就水旱灾害防御水文测报工作进行专门部署，要求各级水文部门坚持底线思维，增强忧患意识，加强组织部署，做细做实汛前准备，及时修复水文水毁设施，编制完善包括超标洪水在内的洪水测报方案，做好监测值守，强化应急测报措施，确保测得到、报得出、报得及时，全力做好水旱灾害防御水文测报工作。2 月 25 日，水利部办公厅印发《关于做好 2021 年水文测报汛前准备工作的通知》，部署开展汛前准备工作，要求提高风险意识，细化措施统筹安排疫情防控和水文测报汛前准备工作，确保汛期水文测报工作正常开展。全国水文系统坚持一手抓疫情防控、一手抓业务工作，多措并举，深入排查水文测报薄弱环节，从监测管理制度、应急预案及演练、水毁排查及修复、设施设备检修、水文计量器具检定、新技术应用、测报方案修订、测报系统维护等方面做好全面准备工作。

水利部水文司组织编制了全国共 3172 处国家基本水文站超标洪水测报预案，根据主汛期北方多雨的研判，重点加强部署黄河、海河、松辽等流域的汛前准备工作，水利部水文司林祚顶司长调研检查太湖流域水文测报汛前准备情况见图 5-1。黄委水文局开展 800 余处水库、河道淤积断面汛前统一性测验，系统分析历史典型大洪水产汇流规律，编制黄河洪水预报预案。海委水文局完成大清河中下游下垫面查勘及拒马河部分河段槽蓄量测量分析，修编大清河超标准洪水应对预案，优化"以测补报"应急断面设置。河北省系统开展"63·8"等历史特大暴雨洪水重演模拟，率定预报模型参数，修订 1055 座大中小型水库、215 处水文站、13 处蓄滞洪区预报方案，实现主要江河湖库洪水预测预报全覆盖。

根据《水文监测监督检查办法（试行）》，各地水文部门围绕信息采集、情报预报和安全生产等方面 96 项重要内容开展全面自查，流域和省级水文单位抽查 2151 处测站，对发现的问题及时进行整改。

图 5-1 水利部水文司林祚顶司长调研检查太湖流域水文测报汛前准备情况

2. 精心组织水文测报

2021 年我国频繁发生暴雨洪水，水雨情分布较往年不同，黄河、海河、淮河、松辽等流域降水偏多，黑龙江上游发生特大洪水，海河流域卫河上游发生特大洪水，松花江发生流域性较大洪水，长江上游和汉江、黄河中下游、海河南系等多个流域发生罕见秋汛。

6月30日，水利部办公厅印发《关于切实做好水文测报工作的通知》，要求各级水文部门强化测站运行监控，做好应急监测准备，提高预报预警水平，加大信息报送力度。面对复杂严峻的汛情，水利部水文司对重点流域和省区水文部门雨水情监测和预测预报工作进行了安排部署，7月8日，组织召开水文测报工作视频会议，深入学习贯彻习近平总书记"七一"重要讲话和关于防汛救灾重要指示精神以及国务院领导的批示要求，通报盛夏雨水情趋势预测情况，对做好防汛关键期的水文监测和洪水预报预警工作进行再部署再落实。根据7月中旬海河流域的强降雨预测，7月10—11日赴河北省雄安新区、北京市，开展了水文测报工作指导和督促。各地水文部门紧扣监测数据"有没有""好不好"两个关键，24小时监控测报设施设备运行，发现异常，及时修复，加密关键时刻雨水情监测频次，做到"测得到、测得准、报得出、报得及时"，汛期共采集雨水情信息27.2亿条，时效性在20分钟以内，畅通率达到95%以上（图5-2）。水文部门通过加强水文气象技术融合，采用"3天短期预报、10天中期预测、20天长期展望"的水文滚动预报新模式，开展洪水过程水库、蓄滞洪区联合运用预演，提高预报预演精度和预见期，为防汛工作提供强有力的支撑。黄委水文局在秋汛过程中，连续滚动预报，有效配合了黄河中下游水库联合调度，实

图5-2 湖北省随州市水文局在柳林镇抢测洪水

现了黄河下游不漫滩的目标；浙江省在应战台风"烟花"过程中，发布江河洪水预报 129 站次，为打赢防御台风"烟花"提供坚实支撑。

3. 强化安全生产管理

3 月 15 日，全国水文工作会议向各地水文部门提出了严格落实安全生产责任的要求，要提升安全意识，健全各项制度措施，强化监督检查，及时排除风险隐患。6 月，水利部水文司印发了《关于加强水质监测质量安全管理工作的通知》（水文便字〔2021〕34 号）和《关于切实加强水文监测安全生产管理工作的通知》（水文便字〔2021〕40 号），贯彻落实习近平总书记关于湖北省十堰市燃气爆炸事故的重要指示，部署各地水文部门进一步提高思想认识，压紧压实责任，排查安全隐患，狠抓问题整治，强化防范措施，守牢安全生产红线。11 月，组织开展小浪底西沟水库漫坝事故警示教育活动。全国水文系统认真履行安全生产主体责任和监管职责，完善水文安全生产监管机制，落实各项水文安全生产工作。各地水文部门通过汛前检查、组织业务培训以及消防安全演练等方式，加大安全生产宣传教育培训力度，加强水文安全生产监查及事故隐患排查整治力度，强化水文职工安全生产红线意识。具体措施包括及时准确做好安全生产台账记录，生产一线必须配置完备的安全警示标识和安防救生设备，涉水和上船测流时必须穿救生衣，测验设备防雷和测船、缆道、巡测车等易发生危险设施和危化物品的安全防护等。江西省印发《全省水文安全生产专项整治三年行动"七大攻坚战"工作方案》，开展了汛期安全生产攻坚战、安全生产宣传教育攻坚战、重大安全风险管控"回头看"攻坚战、重点领域专项治理攻坚战、强监管攻坚战和安全生产应急救援能力提升攻坚战，取得了明显成效。安徽省积极推进安全生产工作机制常态化，全面推进水文监测单位安全生产标准化建设，实现了安全检查日常化、专项检查深入化、汛前检查规范化，"水文安全生产标准化建设集锦"被水利部评为优胜奖。

二、水文应急监测

1. 开展应急监测演练

各地水文部门从应对流域和区域大洪水的实战角度出发，编制了水文应急预案，加强了应急监测队伍建设，增加超常洪水测验手段、设备，通信信号不稳定地区配置了应急通信卫星电话，因地制宜，有针对性地开展各类水文应急监测和洪水预报模拟演练共 1648 场，参演人员 14722 人次，场次人次均创历史新高。举办各类水文监测预报培训班 1097 期，培训人员 16248 人次，为科学有效应对各类暴雨洪水和突发水事件积累实战经验，提升水文应急响应和应急处置能力。

长江委与湖南省水文中心联合开展了"江河安澜 2021"水文应急监测演练（图 5-3），针对湘江干流超标洪水水文监测、母山河段崩岸应急监测、捞刀河溃口水文应急监测、突发水污染水文应急监测等场景，开展了多要素监测、溃口非接触式视频测流、多手段污染水体取样及现场应急检测等 14 个科目的演练。海委水文局采用无脚本"背对背"的实战化模式，选择雄安新区作为重点，模拟大清河北支发生 50 年一遇暴雨洪水，大清河南支发生 20 年一遇洪水，演练洪水预报会商、应急通信、高程引测、无人船测流、无人机测流、无人机地

图 5-3 长江委与湖南省水文中心联合开展"江河安澜 2021"水文应急监测演练

形测绘和溃口形态测量等。江苏省采用"单位分散演练，视频集中展示"的方式对无人机、遥控船以及声光电等新技术在水文测验、水质监测上的应用进行了重点演练。江西省以赣江流域 1982 年超标洪水过程为背景，充分运用 60 余台套先进监测技术装备和流域水文模型、视频会商系统、水情信息测报系统等信息化手段，组织全省力量开展了监测报送、预警预报会商、水库联合调度和安全生产实战演习。

2. 做好水文应急监测

2021 年，在迎战黑龙江、松花江、长江、黄河、海河等流域洪水和超强台风"烟花"等过程中，各地水文部门迅速响应，及时派出应急监测队伍，强化应急监测措施和协同驰援，累计出动应急监测队 4798 次（人员 18759 人次），抢测洪水 8490 场次，开展洪水调查 480 次，汛期累计获地方政府表彰奖励 35 次。

嫩江 2021 年第 1 号洪水期间，松辽委嫩江水文水资源中心及时开展应急监测，获取洪水顶托期间的流量资料，重新率定出顶托条件下嫩江站水位流量关系，及时调整测站报汛方案，为防汛部门提供了及时可靠的水文数据。在应对黑龙江干流 130 天的历史性洪水中，黑龙江省抽调技术骨干，跨地区支援，沿江增设 6 处临时断面，开展应急监测，弥补水文站间距过大，流量信息不足，以满足洪水精准防御的需要，共出动应急机动队 122 次，抢测洪水流量 181 场次，连续奋战 100 多个日夜。永安、新发水库相继垮坝后，内蒙古自治区派出水文应急监测队第一时间赶赴现场，全力开展水文应急监测及洪水调查，为理清水库出入水账提供科学依据。河北省持续推进"以测补报"，在太行山、燕山山前河流设置 75 处应急断面，填补监测盲点，提高洪水预报精度。郑州"7·20"暴雨发生后，城区发生严重内涝，沙颍河支流贾鲁河部分堤防出现决口漫溢 6 处，造成了严重灾害，河南省先后调动全省 16 支水文突击队抢测洪水，实测流量 328 次，为郭家咀水库漫坝险情处置、卫河蓄滞洪区防汛调度等提供重要支撑。随县柳林镇"8·12"暴雨发生后，湖北省采用无人机测绘技术及时进行柳林镇洪水调查、推求洪峰流量。在应对黄河秋汛洪水中,黄委及山西、陕西、河南、山东等水文干部职工坚守岗位,加密测点测次,全程跟踪洪水演进过程,黄委上千人连续作战,超常规施测流量 2000 余次(图 5-4),山西盘陀站在设施全部冲毁的情况下坚持测流,新绛站在汾河大堤已形成"孤岛"的情况下奋战 1 周。

图 5-4 黄河下游应急流量监测

三、水文监测管理

1. 推进监测方式改革

各地水文部门通过不断完善水文监测的管理机制,优化改进测验工作模式,进一步加强了水文监测能力、有效提高了水文测验成果质量。江西省按照"巡测优先、驻巡结合、应急补充"的原则,积极推进水文巡测,"一站一策"推进监测站网提档升级,构建多维度、立体式监测布局,水文站推行"一站一表"标准化管理。安徽省《水文勘测队水文监测(巡测)方案》全面实施,推动水文站队管理模式调整,由单一驻测向巡测、驻测、应急监测相结合转变,解决了"站多、地广、人少、任务重"的难题。

2. 加强新技术推广应用

水利部水文司广泛征集新技术新设备应用有关问题,针对当前水文测报新技术装备应用中的难点问题提出了技术指导意见和处理方案,组织开展了"泥沙自动监测技术应用研究"等 2021 年水利重大关键技术研究。各地水文部门加快水文测站和水文监测手段的提档升级，积极开展"一站一策"分析，大力推进"要素采集全自动、监测量程全覆盖、信息传输双备份"现代技术应用工作。水文巡测单兵系统、测雨雷达、视频流量监测系统、车载巡测系统等水文现代化仪器和设备得到了推广应用。长江委汉口水文站开展了量子点光谱测沙仪比测，黄委民和水文站开展了称重式自动测沙仪比测，云南省允景洪水文站开展了侧扫雷达流量监测系统比测。水利部信息中心在嫩江、黑龙江、卫河洪水及黄河秋汛洪水期间，应用遥感影像数据，及时分析洪水淹没范围、堤防漫溢决口位置、蓄滞洪区运用等情况。黄委水文局在秋汛过程中积极运用雷达在线测流系统、走航式 ADCP 等现代设备（图 5-5），将花园口、利津等下游干流站实测流量所需时间由 2h 缩减为 0.5h，显著提高了水文信息时效性。

2021 年水利部水文司组织长江委、黄委、淮委、海委以及浙江省、福建省、重庆市、贵州省水利厅（局）开展了河湖水文映射试点工作，试点单位选取代表性河流（段）研究水文数字化映射的思路和技术方法，构建数字流域模型，通过水利业务与信息技术深度融合，开展实时洪水、历史洪水和频率洪水演进三维模拟，初步实现洪水过程的数字流场映射、预报调度在数字流域场景中的动态交互、实时融合和仿真模拟，动态展示水资源、水灾害等业务信息、实时

图5-5 黄委无人机、无人船测流展示

动态变化信息和模拟仿真信息，为全面推进河湖水文映射工作提供了示范案例和参考借鉴。

四、水文资料管理

水利部水文司为贯彻落实《水文监测资料汇交管理办法》（水利部令第51号），印发了《水利部关于贯彻落实＜水文监测资料汇交管理办法＞的通知》（水文〔2021〕194号）和《水利部水文司关于做好水文监测资料汇交准备工作的通知》（水文站函〔2021〕22号），安排部署各地开展水文监测资料汇交工作，各地水文部门按照统一标准、统一管理、应汇尽汇、不重不漏的原则，对水文监测资料的存储方式、存储类型、数据结构等进行汇总梳理，建立了汇交水文监测资料的单位名录及汇交站点基础信息表；同时，组织长江委开发国家水文监测资料汇交管理平台（一期），完成了汇交管理平台总体设计，开发完成平台主体功能，开展汇交平台测试等相关工作。

按照资料整编"日清月结"要求，各地水文部门积极应用"水文资料在线整编系统"以及各类数据处理质量控制软件工具，大幅度提高了资料整编工作成效，同时选聘水文资料审查、验收专家基于经验模式开展工作，进一步保障了水文资料成果质量。各地水文部门采用了线上、线下相结合的工作模式，克服疫情困难，全面完成了2020年度水文资料整编、审查、复审及10卷75册水文年鉴的汇编、验收、刊印工作。

各地水文部门持续强化水文资料管理工作，规定了水文监测资料在采集、整编、汇编、年鉴刊印各工作阶段的管理要求，水文数据库由专人专管，并定期进行年度资料的更新、备份，严格执行相关资料的保密规定，积极做好水文资料信息服务工作。浙江省制定《浙江省水文数字平台数据资源管理办法》，建立数据管理规则，分级有序开放水文数据，加大应用创新力度，研发丰富易用的水文数据服务，全年集成数据超28亿条，开发接口135个，接口总访问

5300余万次，对外提供数据超100亿条，有效提升了水利事业和公众服务数字化改革应用的数据支撑能力。江西省加强与科研院所高等院校合作，形成一批水文资料分析成果及服务产品，常态化编制《鄱阳湖流域泥沙公报》，编制了江西省国家基本水文（位）站历年水位特征值手册。

第六部分

水情气象服务篇

2021 年，我国天气气候极端异常，夏汛秋汛连发，汛情总体呈现"北涝南旱"格局，长江、黄河、海河、松花江、太湖等流域共发生 12 次编号洪水，黑龙江上游和海河流域卫河上游发生特大洪水，松花江发生流域性较大洪水，黄河中下游、汉江、漳卫河发生罕见秋汛，珠江流域东江、韩江等持续少雨干旱。面对严峻的汛情旱情，全国水文系统坚决贯彻水利部党组的决策部署，以"四不"为目标，狠抓"四预"措施落实，从"超前"上谋划，在"精准"上着力，全面强化洪水防御预案决策技术支持，着力提升水旱灾害防御精准化支撑服务能力，为打赢 2021 年水旱灾害防御硬仗提供了可靠保障。

一、水情气象服务工作

1. 持续加强信息报送和共享工作

水文部门健全完善水情工作联动机制，积极落实报汛报旱任务，加强信息报送共享，狠抓中小河流和水库信息报送，强化基础类和统计类信息更新完善工作，雨水情信息报送能力和服务水平进一步提高。2021 年，各地向水利部报送雨水情信息的报汛站数量达 9.71 万处，雨水情信息 6.77 亿条，其中汛期（6—9 月）2.61 亿条；累计向周边国家和国际组织报送雨水情信息 21.77 万余条，接收约 9.56 万条。全国大中型水库基本实现信息报送全覆盖，水文测站信息传输共享到水利部的时间一般在 15min 以内。安徽、江西、重庆、四川、甘肃等省（直辖市）报送信息的水文测站数量均超过 5000 处，基本实现信息全面共享。雨水情分析材料日益丰富，各地向水利部报送雨水情分析材料 8162 份，其中旬月年等阶段性材料 496 份；长江委、黄委、珠江委、太湖局等流域管理机构及浙江、安徽、福建、江西、湖南、广东、重庆、贵州、陕西等省（直辖市）水文部门 13 家单位年度报送材料超 300 份，基本实现汛期每日报、非汛期每周报，材料质量明显提高。

各地水文部门在水文系统内加强信息共享，同时也与气象、应急、自然资源、水工程管理等部门单位建立了信息共享机制，促进业务技术发展。长江委水文局与湖北省气象局通过 30M 地面光纤专线互联，接收 18747 个气象自动雨量站实时信息。安徽省利用多种数据资源，实现全省水文、气象、司法、工管等部门间实时雨水情信息的互联互通，接收 2310 个气象站、117 个国土站的雨量信息。海委水文局在 7 月下旬大洪水期间及时启动《海河流域水文协作联动机制》，实施全流域信息共享，与海河流域气象中心、水利部信息中心及省级水文机构开展联合会商 30 余次，对卫河超警超保、蓄滞洪区启用及岳城水库调度进行分析研判，科学应对暴雨洪水。

2. 着力提高洪水预报精度

按照水利部党组"预字当先、关口前移"的工作要求，水利部信息中心、长江委、黄委、淮委等单位加强降雨水文耦合，积极开展以流域为单元的短中长期预报，努力延长预见期，提高预报精准度。水利部信息中心建立"短期 3 天、中期 7 天、长期 10 天"的预报模式，开展 155 个子流域预报单元的降雨预报，将预见期由 9 天延长至 20 天。2021 年汛期，提前 3 天预报出海河最强降雨过程的落区和强度；提前 2 天预报出国庆假期汉江上游至黄河中游和海河南系强降雨过程的落区和持续时间。各级水文部门加强系统内及行业间雨水情中长期联合会商，对汛期、盛夏、"七下八上"、秋季、今冬明春等关键期汛情旱情进行滚动分析研判，准确提出夏汛期和秋汛期均以北方多雨为主，松花江、海河南系、黄河中游等将发生较大洪水以及珠江流域东江、韩江将发生较重旱情的预测意见，有力支撑水旱灾害防御工作超前部署。

完善"专班预报、联合会商、滚动订正"预报机制，紧紧抓住"降雨—产流—汇流—演进"预报环节，不断提高主要江河洪水预报精度，为水旱灾害防御提供有力支撑。据不完全统计，2021 年，全国水文部门共发布 1374 条河流、2233 个重要断面、44.2 万站次洪水预报成果。在黄河、松花江、海河等流域洪水应对中，提前 7 天预测哈尔滨站将超警，松花江将发生流域性较大洪水，黑龙江干流 3 天预见期内水位预报误差均小于 0.10m，为科学调度尼尔基、结雅、布列亚水库，确保江河安澜提供了有力支撑；提前 5 天预报卫河干流将超警，卫河和共产主义渠将发生 1996 年以来最大洪水，提前 1 天精准预报漳卫河第 1 号洪水，为及时启用蓄滞洪区提供决策依据，为科学调度岳城水库避免南运河干流洪水漫滩赢得宝贵先机；提前 2 ~ 6 天预报黄河中下游干流及支流渭河、汾河、伊洛河、沁河等洪水，提前 10 天超长预报小浪底水库水位将退至 270m，为精细化调度小浪底、陆浑、故县、河口村等骨干防洪水库，确保黄河下游干流不漫滩，提供可靠支撑。

3. 深入开展水情预警社会化发布

各地水文部门进一步完善水情预警社会化发布工作机制，理清预警发布业务流程，拓宽预警发布范围，强化预警信息实时性，水情预警社会化服务全面推进。2021 年，青海省出台水情预警发布管理办法，规范预警工作；长江委和河北、吉林、黑龙江、江西、新疆等省（自治区）修订水情预警发布管理办法和预警标准，增强预警针对性。目前，全国有 7 个流域管理机构、25 个省级水行政主管部门已出台水情预警发布管理办法及预警指标。

2021 年，各地通过网站、电台、电视等渠道以及微信公众号、抖音等新媒体平台，向社会发布水情预警 1653 次，其中红色预警 25 次、橙色预警 161 次、黄色预警 543 次、蓝色预警 924 次；主汛期共编发水情专报近 3 万期，发送水情预警短信 61 万余次，覆盖人员 9300 万人次，支撑地方政府响应预警 6820 次，转移人员 483 万人次，提出水工程调度建议 1737 次，累计拦蓄洪水 892 亿 m^3。

广东省在重点江河主要防洪城镇、居民集中点设置 59 个水情预警指示牌，为群众主动防灾避险提供清晰指引。福建畅通预警发布"最后一公里",通过突发事件预警信息发布系统面向公众及时发布洪水预警预报信息。湖南省推广"湖南水文"公众号,访问量超过150万人次,雨水情互动超350万人次,体现"小微信、大平台,小评价、大温暖"。上海市依托突发事件预警信息发布管理系统,在台风"烟花""灿都"影响期间,通过电台、电视、户外显示屏等媒介以及"微信企业号+公众号+社会新媒体"服务新模式,向社会公众快速精准发布高潮位预警信号,提高社会公众的防灾避险意识。

4. 试点开展水工程预报调度一体化预演

水利部信息中心积极落实"预演是关键"要求,开发预报调度一体化软件平台,构建嫩江、漳卫河、黄河、淮河、汉江等预报调度一体化方案,试点推进预报调度预演工作。2021年汛期,精准调度尼尔基水库和丰满水库,实现松花江和黑龙江上游洪水错峰,避免嫩江和松花江"双线"超警;准确把握漳河、卫河洪水传播规律,有力支撑洪水防御关键期彻底关闭岳城水库泄流的重大调度决策,确保漳卫河下游干流重点河段不超警、不漫滩;深入挖掘陆浑和故县、河口村等骨干水库防洪潜力,按照"一个流量、一立方库容、一厘米水位"的精细调度目标,精准控制小浪底水库水位不超274m;以汉江上游丹江口水库准确的入库洪量预报为前提,优化丹江口水库调度预案,避免杜家台分洪,实现防洪和蓄水"双赢"。

应对秋汛过程中,长江委水文局连续30余天滚动丹江口水库预报结果并编制调度建议方案,精准控制皇庄水文站流量不超过12000m³/s,避免皇庄水文站以下江段超保,有效减轻汉江中下游的防洪压力。黄委水文局对小浪底水库以上及小浪底水库至花园口水文站之间(简称小花区间)未来10天来水形势进行精细化预估,每天滚动预报中游小浪底、陆浑、故县及河口村等4座防洪骨干水库入库过程及潼关、黑石关、武陟、花园口等4站未来7天洪水过程,为实现"人员不伤亡、水库不垮坝、重要堤防不决口、重要基础设施不受冲击"

的防御目标提供有力支撑。

5. 全力推进旱情监测评估常态化

各地水文部门强化水库水情、土壤墒情信息监测报送，积极推进旱情监测综合评估分析，加强中长期径流和墒情预测，推进旱情分析评估常态化，抗旱服务能力不断提升。2021 年，纳入督查考核的 8041 座水库中，有 7932 座水库报送了水库水情信息，报送率达 99%。浙江、安徽、江西、重庆、贵州等省（直辖市）着力推进小型水库雨水情信息监测报送工作，向各级水旱灾害防御部门报送 3593 座小型水库实时水情信息。全国有 23 个省（自治区、直辖市）报送了土壤墒情监测信息，报送站点增至 2815 个。

水利部信息中心利用卫星遥感评估旱情和水体面积变化，建立基于植被指数、温度指数等方法的全国旱情遥感监测模型，发挥了遥感大范围宏观监测评估优势；推行旱情综合评估周报机制，整合降雨、江河径流、水库蓄水、土壤墒情数据等服务产品，旱情服务针对性不断增强。各流域管理机构持续开展主要江河重要断面中长期径流预测工作，逐月滚动制作发布未来 1 个月的径流量预测成果。珠江委和广东省、福建省水文部门密切监视流域雨情、水情、旱情、咸情变化发展，累计开展旱情短中长期预报 86 次，构筑当地、近地、远地等共计 40 站供水保障"三道防线"，及时发布干旱预警，为抗旱保供水目标提供有力支撑。江西省实时监测 151 处县级以上取水水源地供水情况，实地调查全省 974 座"千吨万人"农村饮水工程，对农村饮水情况开展预警。陕西省加强河道径流、水库蓄水及土壤墒情监测，每旬进行全省旱情评估及趋势分析，为全省抗旱和水资源调度提供保障。

二、水情业务管理工作

1. 全面加强水情制度化建设

3 月，水利部召开水情工作视频会议，明确树立"全国一盘棋思想"，强化责任落实，完善标准规范体系，夯实水情基础工作。水利部印发《全国流域性洪水划分规定（试行）》，规范流域性洪水确定工作；修编《雨水情数据库表结构与标识符》行业标准，规范雨水情数据存储；水利部信息中心出台《水情信息报送考评规定》，强化防汛雨水情信息报送管理。海委印发《海河流域洪水预报联合会商管理办法（试行）》，强化海河流域上下游、左右岸协调联动机制。湖北发布《水文预报管理办法》，规范预报发布程序、权限、频次、格式及考核方式。河北省印发《水情视频会商管理规定（试行）》，建立水情常态化会商和预报联动机制，为提升科学研判水平提供制度保障。黑龙江省完善《黑龙江省洪水作业预报管理办法实施细则》，制定《黑龙江省防汛水文应急测报预案》，水情管理工作更加规范化、制度化。山东省完善《水情部汛期值班特别工作制度》《水情值班人员日常信息发布流程》，保障汛期水情值班及信息服务有序进行。云南省编制《"十四五"水文事业发展规划》，明确水文数字化、网络化、智能化的主要内容。

2. 积极拓宽水情服务领域

各地水文部门贯彻落实"预报预警信息要直达水利工作一线和受影响区域的社会公众"要求，加强雷达短临暴雨预警、山洪预警及病险库"一省一单"等预警服务，为防御一线采取应急措施提供支持。水利部信息中心加强雷达短临暴雨预警，累计发布雷达短临暴雨预警355次、预警2123个地市，预警成功率达61%，有效支撑地方暴雨山洪防御工作；无缝衔接全国水利一张图与降雨数值预报成果，实现暴雨区内病险水库自动统计和自动预警，编发病险水库统计专报64期，水库超汛限专报124期，有效提升水工程安全运行监控水平。安徽省利用山洪灾害影响调查评价成果，根据气象降雨预报，自动分析未来24小时山洪灾害危险区域，融合专家经验确定山洪灾害预警范围，经会商审核后，向社会发布山洪灾害预警。云南省加强水文气象耦合，联合气象部门向社会公众发布山洪灾害预警184期，对山洪易发区域受影响人员做到早提醒、早防范。

　　各地水文部门积极运用中小河流水文测站积累的监测资料，开展中小河流防洪特征水位和暴雨洪水预警指标分析和确定工作，强化中小河流雨水情快速全面预警。江西省针对暴雨区未来水位涨幅超 2m 以上的中小河流站点，及时发布洪水预警 474 期，提醒当地注意防范、及时避险。广东省实现全省 200km^2 以上中小河流预警预报全覆盖，预见期可达 2 小时以上。湖南省首次在无资料的中小河流地区开展预警服务，打通水情预警发布"最后一公里"，当地政府依据预警信息，及时转移低洼地带群众 170 余人，充分发挥预警"吹哨人"作用。

第七部分

水资源监测与评价篇

一、水资源监测与信息服务

1.生态流量、行政区界、重点区域水资源监测工作情况

为进一步加强重点河湖生态流量监测预警，做好生态流量保障目标控制断面监测与分析评价工作，推动建立生态流量监测预警机制，水利部水文司印发《河湖生态流量监测预警技术指南（试行）》，组织水文部门对水利部批复的全国第一、二批90个重点河湖166个生态流量控制断面开展监测和分析评价工作，按月编制完成《全国重点河湖生态流量保障目标控制断面监测信息通报》和《水资源监管信息月报》。长江委组织对长江流域62处生态流量控制断面开展监测，对照指标开展生态流量预警及按月开展生态流量考核。松辽委组织编制完成松辽流域重点河湖生态流量保障情况调查水文基础支撑工作报告及生态流量目标保障状况评估报告。太湖局积极开展生态流量保障会商，构建松浦大桥生态流量预警模型并开展试运行，及时评估松浦大桥生态流量达标情况。上海市编制印发《上海市重点河道生态水位监测预警方案（试行）》，开展重点河道生态水位监测并按月编制监测月报。江苏省完成全省主要河湖生态水位评估年报、月报编发，开展生态水位预警阈值分析，提出主要河湖不同级别预警边界条件。安徽省对颖河、涡河、淮河干流等18条河流32个控制断面开展生态流量监测、评价及预警，依托系统平台进行实时数据查询、统计分析、考核管理以及分级发送预警信息等。河南省组织开展了15条主要河流生态流量监测工作，并针对沁河五龙口断面和武陟断面流量不达标情况开展调查。湖北省定期通报河湖生态流量保障目标落实情况，加强河湖主要控制断面、跨界断

面和管控对象生态流量泄放的监督管理。湖南省对 31 处水文站逐站制定断面低枯水预警预报方案，加密低枯水监测频次，加强枯水期流量监测能力，提高小流量测验精度，针对水工程断面加强与电力部门信息共享。贵州省组织编制完成《贵州省河流生态流量监测断面数据整合及监控软件实施方案》，通过开发的生态流量监控管理系统，对包括 43 条重点河湖在内的 200 余个断面开展生态流量实时监控预警。宁夏回族自治区开展泾河、清水河、苦水河、星海湖、沙湖生态流量（水位）监测，完成《沙湖生态水量保障目标和管控方案》编制，为自治区生态流量监测预警提供水文支撑。

为切实做好行政区界水资源监测分析，各地水文部门按照水利部印发的《2021 年省界和重要控制断面水文监测任务书》，组织对 538 个省界断面和 299 个重要控制断面开展监测和分析评价，重点围绕水利部已批复的跨省江河流域水量分配控制断面，按月编制《全国省界和重要控制断面水文水资源监测信息通报》。淮委每月报送淮河流域重要跨省湖泊南四湖、高邮湖水量监测成果专报，继续组织开展淮河、洪汝河等 14 条开展水量分配的河流、41 处重要断面的下泄水量及最小下泄流量监测分析。江西省持续推进界河断面监测评价，每月对 94 个水文站、45 个界河断面进行流量、水质监测成果分析，编制完成《江西省水文站控制断面水资源监测月报》。广西壮族自治区编制 23 个省界和重要控制断面水文监测方案，实施 18 个控制断面低枯水期生态流量预警，按月开展 57 条河流 247 个断面水量评价，编报《四大干流水量信息》和《水资源水生态水量信息》24 期，为做实河（湖）长制管理和生态流量保障工作提供科学决策参考。重庆市印发《关于做好行政界及重要控制断面水文监测数据报送和质量管理的通知》，完成市级及区县共 18 个省界断面、14 个区县界断面的监测及数据整理报送任务。贵州省针对河流流域面积大于 300km^2 的跨市（州）河流或行政分界河流，以及跨市（州）界河流流域面积小于 300km^2 但存在重大污染源或涉及国家重要饮用水水源地的河流设置了 76 个市（州）界水量监测断面，每年向水行政主管部门报送水量监测成果。

为持续推动重点区域水资源监测分析，水利部印发《西辽河流域水文监测方案（2021 年度）》，组织松辽委水文局和内蒙古、辽宁、吉林省（自治区）水文部门按照方案实施西辽河流域"量水而行"水资源监测和分析评价，按月编制《西辽河流域"量水而行"水文水资源监测通报》；组织水利部水文水资源监测预报中心、海委水文局以及北京、天津、河北等省（直辖市）水文部门利用卫星遥感影像数据，对华北地区地下水超采综合治理 22 个补水河湖补水河长和水面面积等开展遥感解译，完成 6 期《华北地区地下水超采综合治理卫星遥感解译月报》编制。河北省全力推进水文服务保障冬奥工作，在奥运核心区设置专用降水量站 4 个，共监测降水 401 场（天）；在崇礼区太子城河和东沟河布设流量监测断面 4 处，施测流量 72 次。云南省组织开展九大高原湖泊水资源量分析预测工作，每月编制预测报告。陕西省开展秦岭北麓重要峪口水资源监测，每季度印发《秦岭北麓重要峪口水资源监测通报》，每月均收集 16 处水文站的流量、水位、降雨量及 31 项水质监测数据总计 2170 多个，共收集整理分析信息 1290 余条，制作分析对比图 80 余幅，报表 48 份。青海省开展三江源、祁连山、青海湖地区生态保护和建设工程水资源监测评价专项工作，提交 2020 年度水资源监测、评价报告和阶段性成效评估报告，初步完成《青海湖水量平衡分析》报告。

2. 水资源监测服务情况

2021 年，全国水文系统加强水资源监测分析，在服务河湖长制工作、流域生态补偿机制、河湖复苏生态补水、水利工程引调水、取用水调查统计等工作取得显著成效，为水利工作和经济社会发展提供重要支撑。

（1）服务河湖长制、流域生态补偿机制和河湖复苏生态补水等工作。太湖局在长三角一体化示范区水文水生态协同监测工作中取得阶段性成果，召开 3 次协同监测工作推进会，与上海市青浦区水文勘测队协同开展淀山湖、元荡和骨干河道水生态监测，与江苏省水文水资源勘测局苏州分局协同开展元荡水文调查，共编制 9 期青吴嘉示范区水文水生态简报。北京市完成《2020 年密云水库上游潮白河流域水源涵养区横向生态保护补偿入境水量监测报告》，并据此进行补偿核算，进一步提升密云水库上游涵养区涵养功能；在潮白河、北运河和永定河流域生态补水期间，组织对补水河道沿线水量、水质、水生态等水文要素实施全程监测。河北省根据《2021 年夏季滹沱河、大清河（白洋淀）生态补水水文监测方案》《河北省 2021 年主要河道生态补水实施方案》及补充方案等要求，先后为 18 条河湖实施补水监测，布设各类断面 165 处，开展监测 6522 站次，圆满完成了全年补水调水监测任务。上海市利用河长制工作平台上的生态环境部门、水务部门监测数据编制《上海市河湖水质状况月报》，利用省市边界水文水质监测站网监测数据编制《上海市边界来水监测月报》，分析水量、水质类别以及污染物通量情况，服务上海市河长制办公室。四川省实现全省 73 个生态流量考核断面、240 个水资源调控断面、2200 个重点取水计量站在线监测，共计发布 12 期水资源管理月报和 72 期重点管控断面水量监测专报，有效支撑河湖长制管理、沱江流域生态补偿机制等工作。

（2）服务水利工程引调水工作。淮委开展南水北调东线一期工程蔺家坝泵站、台儿庄泵站、二级坝泵站、长沟泵站（后营水文站）4 处控制断面的水量监督性监测工作，监测内容包括泵站工况、各监测断面实时水位、流量、累计调水量、计划调水量以及南四湖上、下级湖实时水情及湖泊蓄水量变化等，全年累计施测流量 478 次，观测水位 1250 次，制作调水水量计量专报 98 期，调水月小结 6 期，调水年度总结 1 期，累计发送手机短信 3500 余条。河北省开展引黄入冀补淀工程水文监测，布设引黄调水断面 40 处，开展监测 1000 余站次，完成 4 条引黄调水线路补水调水水量水质监测、信息报送工作。安徽省积极开展水量调度监测，根据沙颍河、史灌河水量调度相关要求，按月报送梅山水库、红石咀闸、红石咀南干渠、阜阳闸及颍上闸等站点的逐日水位及流量资料，为跨省河流水量分配提供基础支撑。甘肃省配合做好黑河流域水量调度监测分析工作，持续开展石羊河流域调水水量监测工作，编制石羊河水资源简报 8 期；加强引洮一期供水工程生态补水水文监测工作，编制完成《2020 年引洮一期工程生态补水水文监测成果分析报告》。

（3）服务取用水调查统计工作。浙江省累计为省级部门、厅属相关单位的"十四五"规划编制、26 县发展实绩、高质量发展综合绩效考核等 20 余种考核提供全省用水量、供水量、水资源状况等数据材料共 242 项次。山东省组织完成 2020 年度水资源量初步成果及区域用水总量核算成果，编制《2020 年度山东省区域用水总量监测统计年鉴》，组织完成 2021 年度全省农业用水典型区监测名录选取、设置工作，开展农业典型区用水数据监测。贵州省积极开展用水统计调查，完成全省 3000 多个用水单位名录库建设及用水统计对象用水量填报审核工作，组织完成全省用水总量、用水效率等考核指标的核算。云南省组织完成全省 3975 个调查对象 2020 年用水量的填报与复核工作，牵头组织完成名录补充建设工作，共补充建设名录 690 个。

3. 水资源调查评价和水资源承载能力监测分析工作情况

全国水文部门完成第三次全国水资源调查评价工作，形成了有关评价成果并报送至水利部。其中，长江委根据最新工作安排，在长江流域（片）第三次水资源调查评价的基础上继续完善长江流域片及西南诸河水资源数量评价和水生态状况调查评价成果报告，补充开展了近三年（2017—2019 年）水资源数量的变化趋势分析。淮委部分成果已经用于支撑完成沂河、沭河、史灌河、沙颍河水量调度计划编制工作，以及淮河、史灌河、涡河、洪汝河、沙颍河水量调度方案编制、修订工作。江苏省完成全省水资源公报、地下水年报，分析降水量、水资源量、出入境水量、引排水量、湖库及浅层地下水蓄水动态，以及地下水近 10 年来的水位变化情况，完成地下水红线管控指标确定，核算南水北调受水区地下水埋深与地下水资源量、可利用量，分析南水北调东线调水以来埋深变化趋势；开展主要河湖健康评估年报、水源地情报及太湖巡查月报编制、引排江水量分析、河湖生态水位评估与分析，完成全省主要河湖生态水位预警阈值分析，提出主要河湖不同级别预警边界条件。浙江省研究构建"浙江省水资源综合评价指标体系"，涵盖水资源禀赋、开发、利用、节约、保护、管理等6个方面的1项综合指数、5项专项指数和15项评价指标，完成浙江省年度水资源综合评价试算工作。河南省开展"十四五"及中远期河南省水资源管理"双控"指标测算，编制完成《河南省水资源管理"双控"指标调整方案》，通过了水利厅组织的专家评审，其主要成果上报水利部，已作为"十四五"水资源管理考核的技术依据。

各地水文部门积极推进水资源承载能力监测分析工作。按照水利部总体工作安排，黄委开展了2021年黄河流域水资源二级区套地级行政区水资源承载能力评价工作，研究提出了建立水资源承载能力监测预警机制的措施，完成对宁夏回族自治区中卫市和陕西省铜川市等试点单位实施方案的技术指导。陕西省开展铜川市水资源承载能力监测分析试点工作，现场调研铜川市3个污水处理厂，收集整理废污水排放数据2000余条，降雨量、水位、流量等信息5000余条，编制《铜川市水资源承载能力监测分析试点试算报告》，为区域水资源管理提供依据，为全面开展水资源承载能力监测工作提供经验。宁夏回族自治区组织开展中卫市水资源承载能力分析评价，将9处未控退水口列入监测任务。

4. 泥沙监测与分析评价

2021年，全国水文部门加强泥沙监测和分析评价，积极开展泥沙问题研究、监测技术应用和泥沙公报编制等工作。水利部水文司组织各流域管理机构和有关省（自治区、直辖市）水文部门按时编制完成《中国河流泥沙公报（2020）》，并在水利部网站和官方微信公开发布，向各级政府和社会公众提供泥沙监测信息服务。长江委重点完成了三峡工程、金沙江下游梯级水电站及长江杨家脑以下河段水文泥沙原型观测与分析，长江中下游及汉江下游干流河道重点险工险段分析和重点河段河道演变分析、崩岸预警等，掌握了长江上游大型河道型水库及长江中下游冲淤演变规律；积极承担和参与了国家重点研发计划、三峡工程泥沙重大问题研究等科研项目，开展流域产输沙、泥沙实时监测与预报、水库泥沙优化调度、江湖关系及河道演变、河道崩岸预警等多方面研究工作。海委组织协调流域内北京、天津、河北、河南等省（直辖市）水文部门，对流域内 11 条重要河流的 11 个主要水文控制站进行 2020 年年内及年际水沙变化情况分析，分析径流量与输沙量关系及多年来输沙量的演变规律，总结引黄入冀携带泥沙量，为流域河流泥沙状况研究提供支撑。北京市编制完成 2020 年《北京市河流泥沙公报》，及时反映北京市河道干流重点河段及主要支流的年径流量、输沙量和断面变化情况，反映重要水库与河段的淤积变化及重要泥沙事件的发生情况，为北京市防洪减灾和流域水资源、土地资源开发利用与保护研究提供一定基础性的技术支持。

5. 城市水文工作

各地水文部门持续推进城市水文工作，进一步完善城市水文监测体系。北京市面对疫情影响、开工晚、协调难等诸多不利条件，主动与项目涉及单位北运河、凉水河、城市河湖、清河 4 个管理处和通州、大兴、朝阳 3 个区水务局以及市交通执法总队、朝阳区交通委对接，统筹协调推进项目进程，进一步提升了城市河湖水文监测能力，尤其是凉水河、坝河、温榆河等重点水旱灾害防御节点，实时产生流量、水位数据和监测视频等资料。河北省沧州市作为城市水文试点城市率先完成建设实施，自 2020 年通过验收正式运行以来，补充新设站点，形成 23 个地下水站、11 处坑塘水位站、4 处立交桥积水站、11 处雨量站、8 处道路积水站等以自动测报站为主的城市站网布局，为市区防城市内涝提供准确数据。吉林省长春市伊通河建设水位站 1 处，建设城市雨量站 61 处，在 2021 年的防汛工作中，为城市防汛指挥决策发挥了重要作用。江西省九江市、南昌市等地依托城市水文监测站点或系统，开展暴雨洪水和内涝预报预警，同时主动探索多部门协作配合，建立预警发布平台，发布《城市内涝预警信息》10 期，并通过移动基站关联用户的方式实现了内涝预警信息精准推送，取得较好成效。

二、地下水监测工作

2021 年，各级水文部门继续加强地下水监测，健全地下水监测站网，完善地下水监测工作体系，优化运行维护机制，保障地下水监测站和监测系统正常运行，强化地下水动态分析评价，《地下水动态月报》《地下水通报》《地下水动态评价》等信息服务成果丰硕，地下水监测管理与信息服务能力不断提升。

1. 圆满完成年度地下水监测任务

3 月，水利部办公厅印发《关于做好 2021 年国家地下水监测工程运行维护和地下水水质监测工作的通知》，部署国家地下水监测工程建设的地下水站年度运行维护和监测任务。各地水文部门采用招标（图 7-1）、竞谈、比选等方式选定国家地下水监测系统运行维护任务单位，履行合同签订。水利部对全国 31 个省（自治区、直辖市）水文部门的国家地下水监测系统运行维护任务进行了中期检查，编制完成 12 期《地下水信息统计简报》，对各省（自治区、直辖市）

图 7-1 2021 年国家地下水监测工程运行维护项目招标文件编审会

地下水监测信息报送情况进行通报，通报内容包括实时信息报送情况、实时信息质量情况、基础信息缺失情况、水质监测完成情况等，对检查发现的少数单位水质采样进度慢、到报率低等问题，采取有效措施，积极推进整改。各地水文部门采取有力措施，全力做好地下水监测站运行维护工作（图7-2），认真完成国家地下水监测系统监测任务，地下水监测信息水利部月均到报率、完整率和交换率均高于95%，保障了地下水监测站设施设备正常运行以及地下水监测数据的连续性和准确性，为掌握地下水水位动态变化提供基础保障。

图 7-2　内蒙古自治区的国家地下水监测工程地下水站现场运行维护

2. 推进完善地下水监测站网体系

为贯彻落实党的十九届五中全会精神，进一步完善地下水监测体系，全面提升水资源管理能力，水利部决定开展国家地下水监测二期工程可行性研究（图7-3）。

2021年3月，水利部水文司组织成立国家地下水监测二期工程可行性研究报告技术大纲编写组，组织完成技术大纲初稿编制。4—5月，向全国各流域、省（自治区、直辖市）征求意见，根据反馈意见对技术大纲进行修改完善，并通过专家审查。4月20日，印发《水利部办公厅关于做好国家地下水监测二期工程可行性研究工作的通知》。5月31日，印发《水利部水文司关于印发国家地下水监测二期工程可行性研究报告编制技术大纲的通知》。6月9日，通过视频连线对全国300余人开展技术培训。6—7月，7个流域管理机构分别组织召开省（自治区、直辖市）工作部署会、讨论会。7—9月，各省（自治区、直辖市）水文部门完成辖区相关资料收集、站点布设、仪器设备选型、价格调研、监测站典型设计等工作。10—12月，7个流域管理机构水文局完成本流域工作范围技术成果汇总、复核和平衡，形成可行性研究报告初稿，经专家评审并完成修改后，淮委、海委、珠江委、松辽委、太湖局可行性研究报告已正式报送水利部，完成可行性研究报告编制。

图7-3　国家地下水监测二期工程可行性研究报告编制讨论会

3. 持续强化地下水分析评价

2021年，水利部水文司组织信息中心编制完成12期《地下水动态月报》，并在水利部网站公布，动态反映我国主要平原区、盆地等区域的降雨、地下水埋深以及水温等要素的变化情况，是社会了解全国地下水动态的重要窗口。

水利部水文司组织信息中心、海委水文局和河北、北京、天津等省（直辖市）水文部门完成《华北地区地下水超采现状评价成果报告（2020年）》；开展华北地区地下水超采综合治理22个补水河湖和滹沱河、大清河（白洋淀）

夏季生态补水水文监测分析，对补水河段水位、水量、水质、水生态等实施全要素全过程监测，水利部信息中心强化遥感监测应用，对补水河长和水面面积等开展遥感解译。共编制河湖生态补水监测简报、卫星遥感解译以及夏季补水日报、专报等 53 期，有力支撑生态补水实时调度与效果评估；以北京、天津、河北三个省（直辖市）的 33 个地市级行政区为预警对象，以地下水水位变幅为主要预警指标，对地下水水位变化进行预警，完成《华北地区地下水超采区地下水水位变化预警简报》12 期。

各地水文部门积极开展地下水监测服务，形成丰硕的地下水监测分析评价产品成果。北京市建立了北京市地下水控高水位预警机制，主要包含敏感区分析、实时预警服务等。针对现状总取水量等，制定了浅层地下水的利用方案，根据不同的降雨条件、补水情况和浅层地下水利用情况，设计了多个利用方案。河北省 2021 年共编制完成 12 期《河北省地下水超采区地下水位监测情况通报》，总体实现县级行政区全部考核，并编写《河北省地下水位监测情况通报编制工作细则》，指导通报编制工作，并于 2022 年 1 月开始执行。山西省编制《山西省地下水动态报告》和《山西省地下水月报》，主要包括每月盆地降水量、盆地平原区浅层地下水位变幅、地下水埋深和蓄变量的统计分析。辽宁省积极为社会和水行政主管部门提供地下水信息服务，编制了《辽宁省地下水动态季度简报》《辽宁省地下水通报》《辽宁省水资源公报》地下水动态分析及地下水资源量评价部分。黑龙江省编写《黑龙江省地下水水位变化通报》4 期，全面通报地市级行政区和县级行政区地下水水位变化情况。福建省编写《福建省地下水动态季报》4 期，分析省内平原区、山丘区的地下水动态情况。江苏省编制《江苏省地下水监测季报》《江苏省地下水监测年报》，评价浅层地下水资源量，分析不同承压地下水埋深和变化情况，确定地下水漏斗区分布和面积，评估超采区水位沉降情况，对地下水管控地区进行评价和划分，为地下水管理提供信息服务与决策依据。河南省全年编制完成 12 期《地下水动态简报》、4

期《河南省地下水通报》，为区域地下水分析评价、抗旱调度、超采区治理、地下水压采提供信息服务。2021年7月河南省发生罕见水灾后，加编了30余期《地下水动态简报》，为政府部门了解地下水水情提供了重要信息。广东省编写《雷州半岛地下水动态评估季报》，分析雷州半岛水文地质参数，开展三水转化关系等雷州半岛地下水规律研究。

4. 认真抓好地下水监测监督管理

2021年9月，水利部水文司组织流域管理机构和相关省（自治区、直辖市）及新疆生产建设兵团在内蒙古自治区通辽市召开地下水监测与评价技术研讨会（图7-4），总结交流了地下水监测工作取得的经验成效，围绕地下水监测成果应用、国家地下水监测二期工程可行性研究报告编制工作进展等进行了探讨。

图7-4 地下水监测与评价技术研讨会

各地水文部门不断加强地下水监测站网的运行维护管理工作。河北省制定了《河北省水文自动测报系统运行管理办法》《河北省水文自动测报系统运行维护技术指南》《河北省水文自动测报系统运行维护综合考核标准》等运行维护管理考核制度，明确了运维的目标、具体措施和考核标准。山东省出台了《山东省地下水自动监测站运行管理办法》《山东省水文中心关于做好地下水自动监测站精细化管理工作的通知》，确保管理规范高效，保障信息到报质量与时效，制作了运行维护精细化管理的流程图，精细化管理效果显著。广西壮族自治区制定了《广西壮族自治区国家地下水监测工程（水利部分）运行维护管理暂行办法》，进一步规范了国家地下水监测工程运行维护工作。陕西省全年共抽检国家地下水监测站 120 个，抽检率达 21%，现场或实际解决设备设施运行故障及高程固定点毁坏等问题 20 余起，保证了监测设施设备完好和监测运行正常，针对降雨多、灾害重等实际情况，完成渭南、咸阳、西安、宝鸡等市 12 个水毁站设施修复工作。

三、旱情监测分析工作

各地水文部门认真做好墒情站点运行维护和更新改造，完善旱情预警机制，加强监测数据质量管理，为服务抗旱工作做好水文支撑。北京市向水利部报送 38 个土壤墒情站监测数据，每月初向市水务应急中心提供全市大中型水库水情信息、水情简报等材料，开展中长期预报，进行官厅、密云两大水库来水量预报，为旱情分析提供数据支撑。山西省承担所辖 68 个土壤墒情监测站、97 个自动墒情监测站信息数据的实时报送任务，以及水文干旱情况报送任务，并分析田间持水量的合理性。浙江省出台《浙江省水利旱情预警管理办法》，指导全省按照不同取用水情况，分别制定适应地方特点的旱情预警指标，出台地方旱情预警管理办法；完善旱情信息共享和预警统一发布机制，迭代升级旱情预警填报和审批流程及功能，实现全省水利旱情预警一张图发布，全年指导全省各地累计发布旱情预警 96 期，范围覆盖 8 市、28 县（市、区）。

湖北省借助"十四五"规划编制契机，编制了《湖北省土壤墒情监测系统建设规划》，规划在全省易旱县市区布设 5~7 个墒情监测站，一般县市区布设 3~5 个墒情监测站，全省共规划新建墒情站点 709 处，形成覆盖全省的墒情信息采集、传输、数据存储、查询及预测服务体系，提高墒情信息的自动化监测和管理水平。湖南省积极开展旱情监测分析工作，利用旱情监测分析系统及抗旱一张图，开展降水量距平、连续无雨日、标准化降雨指数、土壤相对湿度、水位（流量）、河道来水量距平、水库蓄水距平等指标的旱情分析和预测预报。广西壮族自治区认真做好辖区水文旱情监测分析评价服务工作，不断提升水文服务能力和质量，为服务"三农"工作、助力乡村振兴发挥水文抗旱支撑作用，2021 年共编发了 28 期《旱情信息专报》；组织开展水文旱情监测分析评价常态化工作，开展了红水河、左江、右江、桂江、柳江、贺江、西江等江河的枯季径流预测工作。辽宁、吉林、江西、山东、河南、广东、重庆、四川、贵州、云南、陕西、甘肃等省（直辖市）强化旱情信息报送，及时上报墒情数据，为各地抗旱决策提供科学依据。

第八部分

水质水生态监测与评价篇

2021 年，全国水文系统水质监测能力进一步提升，水质在线自动监测加快发展，水质监测人员队伍能力建设不断加强。全国水文部门认真做好水质水生态监测与分析评价工作，水质监测服务范围不断拓展，管理和科研水平持续提升。

一、水质水生态监测工作

1. 水质监测能力建设持续加强

水质水生态实验室监测能力进一步提升。2021 年，太湖局水文局浙闽皖水文水资源监测中心设施设备建设立项实施，批复概算 1722 万元，购置仪器设备 87 台套，实验室信息管理系统（laboratory information management system，LIMS）2 套，建设水文数据汇集与共享系统，进一步提升实验室检测能力。河北省继续加强省中心实验室建设，全省投资近 100 万元购置实验室配件、耗材和进行危废处理等，保证监测工作顺利进行；张家口水文中心自筹资金 100 万元配备了原子吸收分光光度计、酶底物检测系统等仪器设备，提升了自动化水平。辽宁省投资 368 万元采购等离子发射光谱仪、气相分子光谱仪、全自动高锰酸盐指数分析仪等设备，投资 220 万元开展实验室信息管理系统（三期）开发项目。黑龙江省投资 527.12 万元采购了原子吸收分光光度计、全自动紫外测油仪、气相分子吸收光谱仪、气相色谱仪、高锰酸盐指数测定仪等大中型仪器设备 24 台套，改善了水环境检测设备老化和自动化水平不高的问题。安徽省投资 359 万余元购置连续流动分析仪、离子色谱仪、微生物检测仪一批尖端检测仪器和设备。贵州省投入 107.88 万元配置水质分析检测仪器设备 24 台套；陕西省投资 300 多万元配备了气质联动仪、吹扫捕集仪、原子吸收分光光度计（带石墨炉）等先进的仪器设备及基础装备，监测手段和能力得到大幅提升。宁夏回族自治区投入 400 余万元完成银川分局水文巡测基地水环境监测中心实验室升级改造及实验室搬迁，改造后实验室面积增容为 1772.4m^2，初步建成了设备先进、环境优越的现代化水质监测实验室。新疆维吾尔自治区购置高效液相色谱仪、流动注射分析仪、原子荧光分光度计等大型仪器，更新紫外可见分光光度计、天平等常规仪器系列多台套，改善实验室通风、控温、照明等场所环境条件，利用"十四五"规划项目资金 422 万元，整体升级改造完成博州分中心实验室。

水质在线自动监测加快发展。上海市在省市边界水文水质监测站网中的 15 处水质自动监测站正式投入运行，在河道水质波动较大的 3 处河段新建水质自动监测站，对河道水质影响的主要因素进行动态监控。浙江省完成兰江（兰溪站）水质水生态自动化监测试点建设。安徽省升级"安徽省水质监控系统"，实现水质自动监测站远程实时管控与分析，不断加强水质与水情水资源等涉水信息的深度融合。陕西省建设完成薛峰水库、宝鸡清姜水源地、安康马坡岭水源地水质自动监测站。宁夏回族自治区完成 15 处光学法水质自动在线监测站 98 个样 686 项次的数据比测工作，优化仪器参数设置，提升检测数据准确性。

水质监测信息化建设加快推进。长江委全面使用整编系统进行成果资料复审验收及水质年鉴编制工作，水质全流程无纸化工作迈上新台阶。北京市根据使用需求和信息安全对"北京市水环境监测中心水质监测系统"再次进行升级，全面提升实验室精细化管理和质量控制水平。江西省升级完善实验室信息管理系统、水质分析评价系统，基本实现无纸化。湖南省正式上线"河湖水质评价信息管理系统"升级版，开发"实验室信息管理智能系统"，将水量、水质、水生态、生态流量监测站点和实时监测信息成功部署到湖南水利一张图上，推动智慧实验室现代化转型升级。广西壮族自治区建设完成水质业务系统、水质水量综合评价系统、广西水文河长通 APP 和水质水量综合数据库等，基本建成覆盖 12 个水文中心的水质业务系统，实现实验室自动检测信息汇集、水质监测数据汇审入库、实验室实时信息监控、采样轨迹监控、水质业务流程管理等功能。云南省持续推进水质采送样管理系统、实验室管理系统、评价系统和物资管理系统的优化和使用工作，系统运用已完全融入水质监测日常业务工作，监测效率得到显著提升。陕西省进一步完善了水质监测与评价信息系统及智慧采样猫系统，对系统基础信息及采样猫软件中的基础资料进行了进一步完善，目前省内各中心监测资料的报送及资料初步的合理性审查已经全部使用水质监测与评价信息服务系统，提高了工作效率。

水质监测人员队伍能力建设不断加强。长江委在湖北、湖南、重庆、贵州、云南等省（直辖市）举办了多期水生态监测、水生态评价、河湖生态健康监测等技术培训班，累计培训超 300 人次。黄委首次联合水利部中国科学院水工程生态研究所举办黄河流域（片）水质水生态监测技术培训班，来自黄河流域（片）10 省（自治区）水环境监测中心（水文水资源监测预警中心）、援疆援藏单位和局属各水环境监测中心约 50 名技术人员参加培训。太湖局全年组织开展质量管理体系文件宣贯、监测技术培训（安全生产、固体废物规范化管理、水生态监测技术、无人机驾驶、水源地产嗅藻生态位特征及其原位控制策略等）306 人次，人员上岗技术考核 168 项次，内外业监督检查 32 人次，有效提升了监测人员质量意识和技术能力。北京市举办全中心管理层和质量/技术负责人的仪器设备计量确认和检测报告编制审核培训班 1 次、实验室安全和水生态监测方面的培训 5 场，完成上岗考核 80 余人次。天津市结合第 35 届科技周活动，组织了供水管理、节水管理、水资源管理、水环境监测、水文监测预报等系列讲座，选派业务骨干赴江西省南昌市水文局进行业务交流和实践，学习先进管理方法。江苏省承办"建功'十四五'奋进新征程"全省水利系统水质监测技能竞赛，推动了全体水质监测人员苦练基本功、提高专业技能水平的热情。浙江省组织全省开展消防、安全管理制度及实验室安全教育培训 18 次，100 余人次参加培训，进一步增强工作人员的安全意识和风险防范意识。四川省开展综合培训 44 班次，水文业务培训 49 班次，共培训 1400 多人次，组织 20 多人次处级领导干部参加相关培训，组织 80 人次参加新进人员岗位培训，大力提升干部人才队伍管理水平，切实发挥干部人才队伍在水文改革发展中的主力军作用。

2. 水质监测服务范围不断拓展

各地水文部门不断加强水生态监测工作。2021 年全国水文监测机构在全国 248 个重要水域 567 个监测点开展了浮游生物、底栖动物等水生态监测工作，较好掌握了全国重点水域水生态现状，锻炼了水生态监测人才队伍，提升了全国水生态监测水平。其中，长江委在长江流域的 20 个重点水域开展了 4 次水生态试点监测，监测指标涵盖浮游植物、浮游动物、着生藻类、鱼类、底栖生物等。黄委对黄河河源区扎陵湖、鄂陵湖，湖库水域的岱海、乌梁素海、万家寨水库、三门峡水库，支流水域的无定河、渭河、汾河和黄河口三角洲自然保护区共 32 个测点开展了 2 个测次的水生态监测工作。海委编制了《白洋淀水生态监测方案》，对白洋淀水域的 3 个监测断面开展了底栖动物、浮游植物、大型水生植物等生物指标及部分水体理化指标的监测。珠江委联合滇粤赣水文部门开展了东江、谷拉河、珠江三角洲等重要水域水生态试点监测。太湖局围绕太湖、淀山湖、元荡及汾湖等重要水域开展了浮游植物、浮游动物、底栖动物、鱼类和水生植物调查监测。北京市水生态监测站点由原来的 66 个增加至 166 个，涵盖全市主要地表水功能区和湿地保护名录中的全部湿地及近几年新建的重要湿地公园，编制形成了《北京市水生态健康等级指示物种（2021 版）》成果，并在市水务局网站对社会发布，引导广大市民提高保水护水的参与度，将指示性物种成果制作成了通俗易懂、生动鲜活的小册子向公众普及宣传。河北省在重点补水河流滹沱河、拒马河、永定河及白洋淀共设置监测站点 12 个，开展流速、流量、水质、浮游植物的监测，评价水体的富营养化程度和藻类种群的结构、密度及优势种，并编写水生态监测报告。辽宁省继续在大伙房水库和汤河水库以及其余26处重要水源开展水生态监测（藻类）工作。江苏省对洪泽湖、骆马湖、七浦塘三个典型水域开展了水生态、水环境试点监测工作。浙江省开展分类型建立水生态监测试点，完成兰江（兰溪站）水生态自动化监测试点建设，从水健康、水安全、水宜居、水富民、水管护5个维度探索构建健康评价指标体系，结合区域社会经济发展特点研究群众看得懂、用得着的指数，推进水文服务社会化。江西省在全国水文系统率先引进环境DNA监测技术和两套国内最先进的江豚自动声呐监测设备，同时积极与水利部中国科学院水工程生态研究所、省科学院等单位合作，首次成功申报了中科院科技服务网络计划（STS）重点项目"鄱阳湖水系濒危水生动物保护创新研究示范"。山东省将水生态监测的12项水生生物检测指标纳入国家级资质认定检测能力范围，可面向社会出具具有证明作用的水生生物检测结果。湖北省在开展水质、藻类等常规水文监测的基础上，进一步拓展监测领域，开展浮游植物、浮游动物、底栖生物、大型水生植物、鱼类等水生生物监测与调查，并在天河流域首次开展水生态健康评估工作（图8-1）。广东省按期开展了160座重要供水水库藻类监测与调

图 8-1 湖北省组织开展水生态现场采样工作

查分析，并结合水文气象等条件，对藻类水华发生风险进行了评估，同时选定广州市流溪河作为试点开展城市水生态综合监测工作。云南省积极拓展底栖动物等水生态监测指标，完善水生态监测站网体系，配合省水利厅完成生物多样性保护中国水利行动项目云南试点工作，承办了云南省河湖健康评价及"一河（湖库渠）一策"滚动修编培训、云南省河湖生态系统保护与修复研讨培训。

各地水文部门积极开展服务河湖长制水质监测工作。江苏省每月针对省级河湖长履职河湖、流域性及骨干河道等开展水质监测，累计监测1万余站次，获得水质数据20万余个，编发《江苏省省级河湖长履职河湖水质监督性监测年度成果》15份，为全省河湖长制工作提供了重要技术支持。重庆市为高效服务河长制专项水质监测工作，组织开展流域面积50km²以上的510条河流758个河长制水质断面的监测工作，全年监测断面9096个次，数据量达6万余个，完成河长制月报12期和年度报告1期的编报。四川省加快完善省水资源监控系统和"河长制"协同平台建设，定期通报水量与水质监测评价成果，开展了52个重要河流市（州）县（区）行政断面枯水期水质监测工作，为河长制考核做好服务。云南省开展了249个省级河长制站点水质监测，并及时上报监测成果。陕西省全年为河湖长制管理提供水质监测数据3万余组，承担了延安、榆林、宝鸡、杨凌、韩城、渭南等市河湖"清四乱"明察暗访工作，提交了明察暗访工作报告，为保障河湖"四乱"清理工作推向深入提供依据，为河湖健康提供可靠支撑。宁夏回族自治区持续做好河湖长制监测数据推送工作，完成24个河长制考核断面12次288个水样864项次的检测分析工作，逐月按时向河长制平台推送监测数据和评价结果1500余条，配合完成《宁夏回族自治区全面推行河长制重点任务进展情况通报》12期，推动了自治区河湖保护治理工作。

各地水文部门持续推进城镇及农村供水安全保障水质监测工作。水利部水文司组织编写了《不达标饮用水水源地水质监测情况分析报告》和《不达标饮用水水源地水质监测实施方案》，对2018—2020年全国93个地级及以上城市不达标饮用水水源地开展水质摸底监测和监督监测，了解和掌握了全国部分重要饮用水水源地水质现状，进一步保障了用水安全；组织长江委、珠江委通过电话核查和现场走访的形式，对云南省 12314 监督举报平台农村供水安全问题反馈线索办理销号情况开展监督复核，编制《云南省动态清零检查工作报告》，督促地方压严压实工作责任，进一步做好农村供水工作。安徽省开展农村饮用水工程水质采样现场检测技术培训，制定水质复核检测方案，完成 68 处农饮末梢水监测工作，并编制完成《农饮末梢水水质评价报告》。江西省主动开展乡村振兴饮水检测服务，组织全省技术人员到乡村振兴点农户家中开展饮用水监测服务，宣传普及农村饮水安全，累计组织水质检测专业技术人员近 50 人，采样点超过 100 个，检测样品超过 200 个，投入检测费用 20 余万元；同时，配合江西省水利厅农村水利处开展农饮工程饮水问题调查复核工作。河南省对全省 38 个大型灌区的 459 个监测点开展了水质监测。湖北省全年完成输调水总计 8 处断面的水质监测工作，及时向水库主管部门报送检测成果，编制年度水质检测报告，完成农村供水监督性监测 2582 站次，开展 50 人次的明察暗访及水质抽检工作，开展 84 处水源水水质检测，全年共抽检农饮水水样 3100 余点次，编制 51 期《农村饮水水质通报》、出具检测报告 300 余份。湖南省完成监测"千吨万人"以上农村饮水工程 500 多点次，覆盖市州 10 处，编制全省农村饮水水质监测情况通报 4 期，积极探索水质监测服务乡村振兴新方式，在常德市率先展开农田灌溉水质监测，完成全市 29 个大中型灌区 32 个监测点，出具 4000 个检测数据，编制了 192 份检测报告，打造了灌区水资源监督性管理工作新样板，为沅澧流域的"鱼米之乡"粮食安全生产保驾护航。广西壮族自治区对 360 个农村饮水工程的水源水、出厂水、末梢水开展水质采样检测，共采集 1024 个水样，其中水源水 333 个（包含地表水水源 189 个，地下水水源 144 个）、出厂水 332 个、末梢水 359 个，及时向有关部门提供准确的水质检测结果，为改善和提升农村供水工程水质保障水平提供科学依据。重庆市制定并实施《重庆市农村饮水安全工程市级水质监督监测工作计划（2021 年）》，按季度对 36 个区县千人以上供水工程实施"四不两直"供水工程随机抽检，监督结果形成《农村供水水质监督监测情况通报》3 期报请市水利局印发，助力农村饮水安全保障。云南省强化农村供水安全保障水质监测工作，全年共完成 30 个农村饮水点的水质监督性监测，开展 17 个水源水水质检测，完成 1 次水源水水质应急监测，全年共抽检农饮水水样 83 余点次。同时，开展了全省 55 个重要饮用水水源地有机污染物监测。新疆维吾尔自治区配合完成全疆重要饮用水水源地安全保障达标建设评价工作，积极完成脱贫攻坚任务中帮扶包联贫困县的农村饮水安全工程的水质监测工作。

各地水文部门结合工作实际开展专项水质监测工作。长江委组织开展了干流水文水质监测重点站 10 个断面的水质、底泥、水生态监测任务，全力做好"三峡工程运行安全综合监测系统"相关监测工作；完成丹江口水库蓄水 168.00m、169.00m 和 170.00m 加密监测，为南水北调后续工程高质量发展提供了坚实的数据支撑。珠江委针对珠江流域抗旱保供水的严峻形势，依托建立的"遥感－无人机－人工"手段，结合智慧监督性监测，对粤港澳大湾区水源地进行遥感影像解译 81 景，无人机筛查 66 航次，人工采样监测 40 点位，排查出 52 处风险源。天津市开展四大湿地、永定河、南运河、北运河、潮白河等"四河四湖"的水质监测工作，有力支撑华北地区地下水超采综合治理河湖生态补水工作。江苏省结合新孟河工程调水试验需求，开展调水试验水质监测方案编制，实施新孟河工程沿线区域背景水质监测，为调度运行提供了强力信息支撑。山东省组织完成了全省 16 条骨干河道及南四湖、东平湖两个省级湖泊 136 处断面及流域面积在 100km² 以上的 210 条一级支流入干流（湖口）处每月 1 次水质监测工作。云南省完成 83 个牛栏江—滇池补水工程站点专项水质监测，为地方经济社会发展做好技术服务。

各级水文部门及时高效开展突发水事件应急监测。长江委积极开展汉江水华应急监测，为汉江生态调度提供技术支撑。珠江委及时针对广西壮族自治区博白县九洲江支流污染事件开展水质监测及不明化学品检测，密切跟踪、监控饮用水水源地及桂粤省界断面水质状况，并通过珠江委将事件通报广西壮族自治区河长办处理，跟进督促完成整改。辽宁省及时开展辽宁华电铁岭发电有限公司灰场溢流口灰水外排事故量质同步监测工作，对辽河上 9 个断面开展水质监测，将结果及时提供给厅领导，为省水利厅决策提供了重要依据。江苏省对蔷薇河送清水通道、新沂河上游及区域饮用水源地、石梁河水库水质开展应急监测，为保障全省供水安全打下坚实基础。安徽省在应对佛子岭水库水面颜色异常现象事件中，第一时间采样监测数据，编发《佛子岭水库水质监测简报》6 期；开展宣城市水阳江水源地水质异味情况应急监测，及时编报水质监测数据，有效发挥突发水事件水文系统水质监测信息分析研判作用，受到省水利厅主要负责同志高度认可。湖北省完成《湖北省突发水污染事件应急预案》修订工作，有力支撑水质应急监测工作。湖南省及时开展湘江"铊污染"事件和资水的"锑超标"、洞口平水河、隆回西洋江、郴州欧阳海水库库区突发水质异常事件应急监测处置，为省水利厅科学调度提供技术支撑。广西壮族自治区开展村河段网箱鱼死亡事件、河池市宜州区洛东水电站一号机组发生泄水锥透平油泄漏流入龙江事件、浔江网箱鱼类死亡事件、某河流重金属污染事件水质监测，出具 218 个数据，编制 7 期《水资源质量专报》，为水污染事件应急处置提供水文技术支撑。

二、水质监测管理工作

1. 水质监测质量与安全管理

水利部持续加强水利系统水质监测质量管理。2021 年水利部与市场监管总局、自然资源部、生态环境部、国家药监局首次联合印发《关于组织开展 2021 年度检验检测机构监督抽查工作的通知》，组织开展"双随机、一公开"监督抽查"水利水质监测领域 10 家"国家级资质认定检验检测机构。水利系统 10 家国家级资质认定检验检测机构全部通过市场监管总局的"飞行检查"，显著提升水利部水质工作话语权，扩大行业影响力。为进一步规范水利系统水质监测质量和安全管理工作，建立健全水质监测质量和安全管理制度体系，编制《水质监测质量与安全管理办法》，将由水利部印发实施。为深入贯彻落实小浪底西沟水库漫坝事故警示教育精神，水利部水文司印发了《关于做好水质监测安全管理薄弱环节排查工作的通知》，要求各单位认真落实安全生产责任，把安全生产各项工作措施落实到一线；结合水质监测业务特点，对照有关规范要求，全面排查各类安全隐患，重点对实验室安全、化学品安全、安全防护设施安全、用电安全及消防安全等薄弱环节进行了全过程、全方位排查，针对发现的问题举一反三、督促整改，有力保障了安全生产工作。

各地水文部门持续加强水质监测质量与安全管理。长江委水文局正式印发《长江流域片水质监测网管理办法（试行）》，为推进长江流域片水质监测工作整体发展提供了抓手。完成《水质监测成果质量评定办法》《水质监测优胜奖评比办法》等管理制度修编，对局属各中心进行了水环境监测成果质量中间（监督）检查，确保质量体系正常运行，保障水环境监测成果质量和安全生产。黄委水文局中游水环境监测中心和山东水环境监测中心分别于 9 月和 10 月接受国家水利评审组的资质认定复查评审，并顺利通过审查。珠江委水文局监测中心通过了资质认定首次扩项评审，具备了五大类 162 项参数重复项达到 600 多项的检测能力，同期取得了质量管理体系（ISO 9001）、环境管理体系（ISO 14001）和职业健康安全管理体系（ISO 45001）三体系认证证书。太湖局全年完成了江苏省、上海市、浙江省、福建省共计 36 人次 544 项次的上岗考核和上岗证书延续审核；组织太湖流域片共 30 家单位实验室进行了盲样考核，对参与"引江济太"检测工作的 6 家单位进行了氨氮、高锰酸盐指数、总磷、总氮的盲样考核，盲样考核结果均合格。河北省下发《河北省水环境监测中心关于内部审核、安全检查的通报》文件，从人员、环境、质量控制等各个环节强调执行规范，加强质量管理，保证全省水质检测质量与安全管理。山西省水文水资源勘测总站顺利通过国家计量认证水利评审组的现场审查。安徽省修订《安徽省水环境监测中心安全生产管理制度》，颁布了《质量手册》和《程序文件》（第九版）、《作业指导书》（第六版），增加了质量目标的量化条款，整合了修订 38 个程序文件。山东省完成了全省 17 个实验室的内部审核，组织了砷和碘化物的比对试验，审核结论表明各实验室检测结果均具有较好的一致性。湖北省组织全省 15 个分中心共 94 名检测人员参加上岗考核，包括盲样考核和操作演示考核共 829 项次合格。云南省按计划完成了省中心及 14 个分中心管理体系的内部审核、70 人 643 项次增持项目上岗考核，对昭通、楚雄等 8 个分中心的水质监测开展现场监测质量监督，完成 12 个水质自动监测站日常管理及质量控制监督。西藏水环境监测中心编制了《西藏自治区水环境监测中心安全生产管理制度、安全生产实施细则及危险品、剧毒品管理程序》《西藏自治区水环境监测中心安全生产应急预案及实验室事故应急处理方案》，加强人员的安全生产教育宣贯。甘肃省逐级逐岗签订了安全生产目标责任书，为职工配备必要的安全防护用品，全面开展安全生产大检查，重点排查剧毒化学药品和压力容器等关键部位，坚决杜绝安全隐患，确保实验室各项工作安全。

2. 水质监测评价新技术新方法应用

2021 年，全国水文系统加强水质监测评价新技术新方法的应用。长江委开展了三峡库区新兴污染物调查监测和长江干流物质通量试点监测。太湖局积极探索研究水质监测技术，开发研制的"可网络化巡航的水质监测船"和"Algae-Hub 藻类人工智能分析系统（技术）"，入选水利先进实用技术目录；针对水生态着生藻类监测需要，研发了"一种用于着生藻类的样品采集装置"，获得新型实用专利，并在淀山湖、元荡的水生态调查研究项目中投入应用。北京市正式公开发布了《北京市水生态健康等级指示物种（2021 版）》成果。江苏省针对太湖湖泛日常人工巡查、巡测工作中的业务需求，利用微服务、APP、大数据、AI 等新技术，开发太湖湖泛巡查、水文巡测和蓝藻监测预警平台，实现太湖湖体水质及入湖污染物通量变化状况的实时分析研究。四川省编制了《四川省河流（湖库）健康评价指南（试行）》，完成了青衣江、安宁河河流健康评估。宁夏回族自治区编制完成《宁夏城市应急备用水源"十四五"规划》，为保障水安全做好顶层规划设计。

三、水质监测评价成果

1. 监测成果信息应用与共享情况

全国水文系统积极开展水质监测评价工作，为各级政府及相关部门提供技术支撑和决策依据。水利部水文司组织编制完成《2020 年全国地下水水质状况分析评价报告》和《2020 中国地表水资源质量年报》。北京市正式发布《2020 年北京市水生态监测及健康评价报告》，编制水质公示月报 12 期、黑臭水体监测月报 12 期、全市考核断面达标情况简报 12 期、地下水质量年度报告 1 期、水生态监测评价报告 1 期，各类报告总计 240 余份。天津市发布各类水质简报 133 期，完成《地表水资源质量年报》《天津市于桥水库水生态监测总结报告》。河北省完成了《白洋淀沉水植物受理化因子影响及其恢复潜力研究》项目，获河北省水利协会科技进步三等奖。内蒙古自治区编制完成《内蒙古自治区"一湖两海"水环境质量年报》《内蒙古自治区西辽河流域地表水资源质量年报》《内蒙古自治区"一湖两海"水环境监测通报》《内蒙古自治区西辽河流域"量水而行"水资源质量监测通报》《岱海水生态监测调查评价成果报告》《2021 年度岱海水生态监测调查评价实施方案》和《内蒙古自治区主要江河湖库水资源质量年报》等，为地区主要河流湖库的水质变化特征、水资源评价提供依据。辽宁省编制完成了 12 期重要水质站水质通报、24 期《主要供水水库及重要输

（供）水工程水质通报》和《2021 年辽宁省大伙房水库、汤河水库水生态监测报告》，为水资源管理和重要饮用水水源地保护提供了重要的支撑。黑龙江省完成全年 12 期全省重点水域水质状况通报，为上级部门加强水资源保护、预警水污染事件提供决策依据。上海市编制《地表水水质自动监测站管理月报》12 期，反映主要河道、重点区域、重点项目河湖水质状况；编制《农村生活污水处理设施出水水质监督性监测情况的报告》4 期，报告全市农村生活污水处理设施出水水质状况；利用水务部门监测的 226 条骨干河湖 443 个监测断面的监测数据，编制《上海市骨干河湖水质分析报告》7 期，反映骨干河道水质状况。安徽省每月编发《水资源质量状况通报》《跨市界断面及省级河湖水资源质量状况简报》《地表水饮用水水源地水资源质量简报》《巢湖及环湖支流水资源质量简报》《沱湖流域水资源质量简报》等 5 种通报和简报，及时向水利部和流域机构提交国家重点水质站水质成果数据。江西省编制形成《江西省水质水生态专报》《江西 1km² 以上湖泊水生态监测报告》《鄱阳湖水生态状况蓝皮书》《江西省大气降水水质监测分析报告》等系列成果报告，主动与生态环境部门对接，共享监测数据。山东省每月编制《山东省地表水水资源质量报告》《山东省重要饮用水水源地水质通报》《山东省省级骨干河道、湖泊及其一级支流水质状况通报》、各骨干河道水质状况简报（一河一单）及全省各市骨干河道水质状况简报（一市一单），为河湖健康管理提供技术支撑。河南省编制 2020 年度《河南省主要河流水库水质监测成果》《河南省重要水源地水质监测成果》《河南省大型灌区水质监测成果》《河南省水资源质量年报》，用于支撑河南省水资源保护工作。湖北省编制完成了《湖北省天河流域水生态健康评估报告》和《香溪河水生态水环境监测报告》，为水文部门服务河湖长制提供支撑，为全省河湖健康评估工作提供示范。广西壮族自治区在全国率先将水质良好的河流出入境断面月径流量监测评价信息运用于水资源监测信息月报中，每月及时搜集水资源监测成果，按时完成《广西水资源监测信息月报》《广西国家级重要饮用水水源地水质监测成果月报》《政务信息资源共享数据月报》《广西地表水国家重点水质站水质监测成果月报》《漓江南流江九洲江钦江流域水文信息月报》《广西跨设区市界河流交接断面水质月报》等，为实行最严格水资源管理制度、河（湖）长制等考核做好技术支撑。海南省加大信息的评价分析，编制了《海南省水文发展年度报告》《海南省水资源质量状况通报》等水质分析评价工作。重庆市编制 12 期《重庆市水资源质量月报》《重庆市河长制水质月报》和《重庆市农村供水水质月报》。贵州省编制 6 期《贵州省流域面积 300km^2 以上河流市（州）界断面水质状况简报》，完成了《2021 年贵州省地下水水质监测工作报告》《2021 年贵州省地下水水质监测评价报告》和《贵州省 2021 年水生态监测总结报告》。云南省编制完成 89 项 507 期水质评价报告，积极推进与生态环境部门资料共享工作。西藏自治区编制完成《2020 年西藏自治区地表水资源质量年报》《2020 年西藏自治区国家地下水工程井（水利部分）水质评价报告》和《2021 年西藏自治区水利系统地表水水质站监督监测报告》。陕西省全年发布 12 期《陕西省省级河长制河流水资源质量状况通报》，编制完成《秦岭北麓重要峪口水资源监测通报》，为秦岭生态保护提供服务。宁夏回族自治区发布《宁夏主要水体水质月报》12 期，为水资源保护和管理提供科学依据。

2. 水质水生态科学与研究

长江委水文局"三峡水库水沙生态环境效应与调控关键技术"获中国电力科学技术进步奖一等奖，"水库群影响下的水文水环境变异及水量水质协同调控关键技术"获长江技术科技奖二等奖，与北京大学、上海理工大学联合申报的"长江水沙通量变化及其若干生态环境效应"项目获长江联合基金资助。珠江委参与的科技部基础资源调查专项"西江流域资源环境与生物多样性综合科学考察——西江流域水文水资源及水环境调查评价"完成年度《西江流域水文水资源及水环境调查评价报告》。太湖局完成国家重点研发计划"大数据驱动的流域智能管理与决策关键技术"专题"基于大数据技术的湖泊藻华暴发风险预判预警"，利用项目研发的蓝藻水华面积预测模型，结合气象水文预报，发布太湖藻华暴发风险预判专报 7 期，为太湖藻华预测预警、贡湖水源地供水与水生态安全保障提供技术支撑，预报精度获得主管部门认可。北京市制（修）订北京市地方标准 5 个，《河湖水质一体化在线监测技术规范》和《鱼类和贝类环境 DNA 识别技术规范》处于征求意见阶段，《地下水数据库表结构》和《水质数据库表结构》已获批。河北省申报的《基于多种推理算法相融合的河湖水质评价管理系统的设计与应用》获河北省科技进步三等奖。上海市开展长三角生态绿色一体化发展示范区河湖健康研究，设计具有针对性的区域河湖健康目标和指标体系，建立河湖健康评估标准和方法，通过开展典型区域河湖健康案例评估应用，研究评估方法的可行性和适用性。青海省承担第二次青藏高原综合科考《青海科考区径流变化事实及原因分析》子专题，会同长科院、甘肃省水文部门开展外业科考两次（图 8-2），初步完成《青海科考区径流变化事实及原因分析》技术报告。宁夏回族自治区开展了宁南山区生态环境质量评价与变化过程分析、黄河水权转换后评估研究。

图 8-2　青海省组织开展第二次青藏高原综合科学考察

第九部分

科技教育篇

2021年,全国水文系统不断加强水文科技和教育培训工作,水文科技水平和人才队伍整体素质稳步提高,水文科技管理工作得到加强,各地水文部门积极开展重大课题研究和关键技术攻关,承担了一系列水文科技项目,取得丰硕的科研成果。各地强化水文人才队伍建设,举办各类水文管理和业务技能培训班,增强了水文职工行业管理和业务工作能力。

一、水文科技发展

1. 水文科技项目成果丰硕

全国水文系统积极开展水文基础科学及应用类课题研究,致力提高水文科技发展水平,立项省部级重点科研项目9项,获省部级以上科技奖21项,其中南科院承担的水文科研项目获大禹水利科学技术奖科技进步特等奖;黄委、安徽、山东水文部门参加的科研项目获大禹水利科学技术奖科技进步一等奖;江西水文部门完成的科研项目获江西省科技技术进步奖一等奖。有关获奖情况详见表9-1。

表 9-1　2021 年获省（部）级荣誉科技项目表

序号	项目名称	承担或参与的单位	获奖名称	等级	授奖单位
1	长三角地区水安全保障技术研究与应用	水利部交通运输部国家能源局南京水利科学研究院	大禹水利科学技术奖	特等奖	中国水利学会
2	降雨诱发的中小流域洪水与滑坡预报预警关键技术及平台应用	安徽省水文局	大禹水利科学技术奖	一等奖	中国水利学会

续表

序号	项目名称	承担或参与的单位	获奖名称	等级	授奖单位
3	调水输入影响下湖泊流域水资源多尺度演变与安全调控关键技术	济宁市水文中心	大禹水利科学技术奖	一等奖	中国水利学会
4	黄河流域水沙产输机理与调控关键技术	黄河水文水资源科学研究院	大禹水利科学技术奖	一等奖	中国水利学会
5	山洪灾害风险防控关键技术及应用示范	江西省水文监测中心	江西省科技技术进步奖	一等奖	江西省人民政府
6	促进重要鱼类自然繁殖的长江上游梯级水库生态调度研究与应用	长江水利委员会水文局	大禹水利科学技术奖	二等奖	中国水利学会
7	湖泊蓝藻颗粒团聚过程与消除关键技术研究	江苏省水文水资源勘测局	大禹水利科学技术奖	二等奖	中国水利学会
8	近岸风暴潮浪集合预报与动态预警关键技术研究及应用	广东省水文局	大禹水利科学技术奖	二等奖	中国水利学会
9	江苏省"十四五"水土保持发展规划	江苏省水文水资源勘测局	中国水土保持学会优秀设计奖	二等奖	中国水土保持学会
10	星陆双基汛情监测与防减灾辅助分析系统研究与应用	浙江省水文管理中心	浙江省科学技术进步奖	二等奖	浙江省人民政府
11	滨海地下水源地海水入侵防治关键技术及工程应用	青岛市水文局	山东省科学技术进步奖	二等奖	山东省科学技术奖评审委员会
12	面向流域水生态修复的河湖水环境信息提取关键技术及应用	长江水利委员会水文局	湖北省科学技术奖	二等奖	湖北省人民政府
13	面向小型水库安全运行的"水库管家"新方法新技术及其应用	长江水利委员会水文局	大禹水利科学技术奖	三等奖	中国水利学会
14	城镇雨水系统规划设计暴雨径流计算标准	北京市水文总站	中国城市规划学会科技进步奖	三等奖	中国城市规划学会
15	基于多种推理算法相融合的河湖水质评价管理系统的设计与应用	河北省沧州水文水资源勘测局	河北省科学技术进步奖	三等奖	河北省人民政府
16	基于天空地网的水生态健康动态评价技术	山东省水文中心	山东省科学技术进步奖	三等奖	山东省科学技术奖评审委员会
17	云南旱灾时空分布及水文综合干旱指数研究与应用	云南省水文水资源局	云南省科技进步	三等奖	云南省人民政府

续表

序号	项目名称	承担或参与的单位	获奖名称	等级	授奖单位
18	淮河洪水概率预报关键技术	淮河水利委员会水文局（信息中心）	安徽省科学技术奖	三等奖	安徽省人民政府
19	浙江省北斗＋平安水利系统建设及应用	浙江省水文管理中心	卫星导航定位创新应用奖	银奖	中国卫星导航定位协会
20	海河流域洪水预测预报关键技术研究	海河水利委员会水文局	中国产学研合作创新优秀成果奖	优秀成果奖	中国产学研合作促进会
21	云南省山洪灾害防御关键技术及应用	云南省水文水资源局	长江科学技术奖	二等奖	长江技术经济学会

2. 水文科技应用成效显著

各地水文部门持续加强业务与科技融合，不断提高水文科技应用水平。长江委水文局举办了第二届科技论坛暨第六届青年论坛；长江委科技创新基地获批。黄委水文局完成了"黄河三角洲附近海区无验潮测验模式关键技术研究及应用"，研究成果投入了生产应用。淮委水文局完成了国家重点研发计划"淮河干流河道与洪泽湖治理及演变"，流域复杂系统洪水资源利用全过程模拟技术在响洪甸水库、梅山水库、临淮岗枢纽等工程成功应用，洪水资源利用率可提高 10% 以上；"洪水概率预报技术"入选"2021 年度成熟适用水利科技成果推广清单"。广西壮族自治区完成了"中小河流洪水预报预警关键技术研究与应用"，研究成果有效提升了广西中小河流洪水预报水平和预警能力。重庆市完成了"綦江流域洪水预警预报能力提升关键技术研究与应用"，研究成果应用于无资料、少资料地区中小河流测报工作，大幅提升了水文预报预警能力。

3.《水文》杂志

水利部信息中心进一步加强《水文》杂志出版工作，全年共收稿和审查编辑论文 548 篇，出版 6 期正刊共 102 篇论文，发行 10200 册。《水文》杂志再次入编《中文核心期刊要目总览》，被收录《中国科技核心期刊》。

《水文》杂志坚持办刊宗旨，谋求高质量发展，加强主题出版，围绕暴雨洪水和水灾害防御等当前热点研究领域积极征稿，为解决水文行业关键问题提供科学理论和技术支撑。编辑部进一步强化期刊管理，规范期刊地图出版，拓宽发布渠道，在水利部信息中心微信公众号"水利信息化和水文监测预报"设立"水文杂志"栏目，按期发布电子书，同时在《水文》投稿网站发布最新出版的文章，稳步提升办刊信息化水平，有效增强了期刊的影响力。

二、水文标准化建设

水文司会同国科司开展了水文技术标准体系建设，修订完成 2021 年版《水利技术标准体系表》，其中水文司主持标准 82 项，以发挥技术标准对水文现代化建设的牵引作用。组织制（修）订的《土壤水分蒸发测量仪器 第 1 部分：水力式蒸发器》（GB/T 41184.1—2021）、《岩土工程仪器 反力计》（GB/T 41192—2021）2 项国家标准和《土壤水分监测仪器检验测试规程》（SL/T 810—2021）、《降水量观测仪器 第 4 部分：称重式雨量计》（SL/T 811.4—2021）2 项行业标准正式发布；组织完成《水文基础设施建设及技术装备标准》《水位测量仪器》《地下水监测工程技术规范》《降水量观测仪器》等 4 项国家或行业标准报批工作。各地水文部门积极开展了近几年发布的规范贯标工作，同时也结合生产实际制定、修订了一些地方标准、管理办法，对水文事业的发展起到了积极的作用，吉林省编制了《水文年鉴资料审查技术规程》；青海省编制了《水文流量监测无人机操作规程》《河湖生态基流监测规程》；黄委修订了《水文应急监测设备管理办法》；黑龙江省编制了《黑龙江省水文测验与资料整编补充规定》浙江省编制了《浙江省水文测站建设及运行管理工作手册》。

三、水文人才队伍建设

1. 强化人才管理和激励机制建设

水利部高度重视人才队伍建设，组织指导各地水文部门强化人才管理，建立健全激励机制。长江委制定了水文局国家级等后备人才培养方案，设立水文局科学技术奖，进一步激活职工科技创新的积极性和创造性。黄委出台了《水文局专业技术创新团队建设方案》，起草了《黄河水文科技创新团队管理办法》。海委印发了《关于进一步加强海委水文局人才队伍建设的意见》。珠江委编制水文局人才队伍建设思路报告以及技能人才规划报告，做好顶层设计。吉林省首次开展面向全省水文系统的公开遴选工作，在水文局内部首次建立了一种新的人才培养选拔机制，为建设高素质专业化水文队伍提供了坚实的人才支持和组织保障。黑龙江省制定印发《黑龙江省水文水资源中心工作人员奖励办法》，建立导向鲜明、科学规范、有效管用的奖励激励机制，促进广大干部职工担当作为、干事创业。江苏省制定出台《进一步加强水文人才队伍建设的指导意见》，以培养高素质管理人才、培育高层次专业技术人才、打造高技能工匠型人才为重点，加强水文人才队伍建设规划，人才培养更加系统、科学。浙江省印发《浙江省水文管理中心高层次人才队伍管理办法（试行）》，成立高层次人才队伍，在重大决策、技术攻关等方面发挥积极作用。江西省出台《江西省水文监测中心水文测验人才培养实施方案》，促进青年干部学规范、练技能，提升测验能力水平。云南省制定了《云南水文人才现代化建设规划报告》，制定了未来五年云南水文系统人才"五百千"工程计划，为推动云南水文高质量发展夯实基础。新疆维吾尔自治区组织编制了《水文局人才队伍"十四五"建设发展规划》。

2. 多渠道培养水文人才

全国水文系统以"节水优先、空间均衡、系统治理、两手发力"的治水思路为指导，以提升水文人才队伍整体水平、做好水文支撑为目标，坚持以岗位需求为导向，将专业技术知识、业务理论、干部文化素养和党性教育等作为年度培训重点内容，因地制宜开展内容丰富的教育培训活动，对提升业务干部、技术人才和管理人员等水文队伍的整体能力水平起到了良好推动作用。各地克服疫情影响，积极探索和创新业务培训模式和培训方式方法，缩减线下集中办班数量，充分利用互联网及视频会议终端，采取线上方式或线上线下相结合方式，在提升培训效果、扩大培训范围等方面取得良好成效。全年省级及以上部门举办的培训班共计 227 个，培训 1.57 万人次，提升了水文人才队伍水平，收到了良好的效果。

水文司组织筹备第七届全国水文勘测工技能大赛决赛，指导各地加强业务培训演练，做好参赛人员选拔等工作。各地水文部门组织开展形式多样的技能竞赛等工作，培育水文技能人才队伍。长江委精心组织水文勘测、水质监测、水文信息应用技术（网络安全）等三个专业的第三届长江水文大比武，举办水文局科技论坛、青年论坛、"闻道杯"水文青年讲规范等一系列竞赛和交流，涌现一大批素质优良、业务精湛、成绩显著的优秀人才。河北省水利厅、省人社厅、省总工会联合举办的2021年河北省水文勘测技能竞赛，特别聘请了海委、北京市、天津市等兄弟单位的专家作为裁判，并邀请新疆维吾尔自治区和西藏自治区代表在现场进行观摩，保证了比赛的公平性，同时加强了系统间业务交流。吉林省举办第一届职业技能大赛暨第七届水文勘测技能竞赛（图 9-1），本次竞赛首次被吉林省总工会冠名为吉林省第一届职业技能大赛，由吉林省总

图 9-1　吉林省第七届水文勘测技能竞赛开幕式

工会、吉林省人力资源和社会保障厅、吉林省水利厅联合主办。山东省高标准举办第八届全省水文勘测技能大赛，比赛内容较往届增加了无人机测流、自动测报设备安装调试项目，是参加人数最多、比赛项目最全的一届比赛。辽宁、湖北、广东、重庆、云南等省（直辖市）也成功举办了省级水文勘测技能大赛（图9-2）。

图9-2　湖北省水文勘测工职业技能竞赛外业比赛现场

多地组建创新工作室，依托其辐射力量，带动水文勘测技能水平不断提升。黑龙江省在佳木斯分中心建立"龙江工匠"创新工作室，佳木斯分中心苏文峰创新工作室被命名为"黑龙江省劳模和工匠人才创新工作室"。浙江省拓展"胡永成技能大师工作室"对外业务交流和合作，与浙江省同济科技职业学院合作成立了"胡永成技能大师联合工作室"培训在校生159人次；工作室自主研发自动蒸发设备正式投用，与高新企业院所合作在分支站等水文站开展视频测速、侧扫雷达测流、全断面时差法超声波新技术联合试验，取得阶段性成果。江西省启动工匠人才创新工作室组建工作，加强技能人才培养。湖北省李吉涛被省人社厅授予"李吉涛省级技能大师工作室"牌匾（图9-3），正在组织拟定《工作室建设实施方案》并逐步实施。

一年来，各地水文勘测技能人才取得了可喜的成绩和荣誉。长江委水文

图9-3 湖北省人社厅授予"李吉涛省级技能大师工作室"牌匾

局四名选手在全国河湖监管无人机应用技能竞赛中获团体第一名，包揽个人前四名。黑龙江省许德财荣获水利部"全国水利技术能手"称号、大兴安岭分中心张梅荣获"黑龙江省总工会2021年龙江工匠"称号。江苏省组织推荐1人荣获"全国水利技术能手"，1人继续入选全国水利行业首席技师，省水文局和徐州市分局获评全国水利行业技能人才培育突出贡献单位。湖北省2名同志分获"全国水利技能大奖""全国水利技术能手"荣誉称号。甘肃省水文站入选水利部水利青年拔尖人才1名。

为进一步推进水文情报预报高层次人才队伍建设，2021年水利部完成第三批水利部一级、二级水文首席预报员选拔工作，选聘3名一级水文首席预报员、4名二级水文首席预报员。长江委、太湖局、北京、江苏、上海、福建、江西、广东、广西、陕西、新疆等流域管理机构和省（自治区、直辖市）的水文部门制定首席预报员管理办法，持续推进地方首席预报员选聘工作。北京、河北、吉林、黑龙江、江苏、江西、山东、湖北、云南、青海等地开展形式多样的水文预报技术竞赛及业务培训，培训基层水文职工300多人次。其中，云南省水文局承办的"云南省第十八届职工职业技能大赛水文情报预报技能竞赛"中，大赛第一名被授予"云南省技术状元"荣誉称号，荣获"云南省五一劳动奖章"。

3. 稳定发展水文队伍

截至 2021 年年底，全国水文部门共有从业人员 69889 人，其中：在职人员 25516 人，委托观测员 44373 人。离退休职工 17880 人。

在职的 25516 人中（图 9-4）：管理人员 2688 人，占 10%，与上一年持平；专业技术人员 19315 人，占 76%，较上一年增加 320 人，较上一年增加 1 个百分点；工勤技能人员 3513 人，占 14%，较上一年减少 1 个百分点。其中专业技术人员中（图 9-5）：具有高级职称的 5844 人，占 30%，较上一年增加 124 人；具有中级职称的 6924 人，占 36%，较上一年增加 167 人；中级以下职称的 6547 人，占 34%，较上一年增加 29 人。在职人员中，专业技术人员数量与占比均有增加，同时高级职称和中级职称的人员数量逐年增长，与水文服务领域不断拓展、高科技技能人才需求不断增长的水文业务基本相匹配。

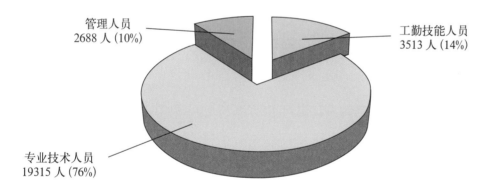

图 9-4　水文部门在职人员结构图

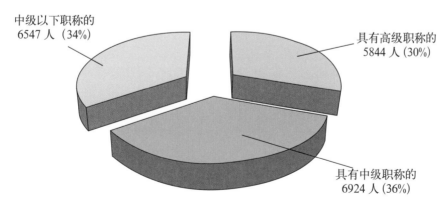

图 9-5　水文部门技术人员结构图

附 录

2021 年度全国水文行业十件大事

1. 党中央国务院和水利部领导十分重视水文工作。

2021 年 10 月 20 日，习近平总书记在东营市黄河入海口考察期间，察看河道水情，详细询问径流量、输沙量等，听取黄河流路变迁、水沙变化和黄河三角洲生物多样性保护等情况汇报；22 日，习近平总书记在深入推动黄河流域生态保护和高质量发展座谈会上强调 "针对防汛救灾暴露出的薄弱环节，迅速查漏补缺，补好灾害预警监测短板，补好防灾基础设施短板"。李克强、胡春华等中央领导同志多次对水文工作作出指示批示和要求。2021 年 2 月，水利部李国英部长明确批示 "水文监测网络建设是水利现代化最重要的基础支撑，要予以高度重视"；10 月，李国英部长主持召开部务会议，专题研究水文现代化建设规划等工作，他指出，水文是推动新阶段水利高质量发展的重要支撑，要统筹除害与兴利、地表与地下、供给与需求、流域与区域、硬件与软件、生产与科研，做好国家水文站网顶层设计，找准问题短板，有针对性地强化工作措施，加快实现水文现代化。

2.《全国水文基础设施建设"十四五"规划》《水文现代化建设规划》印发实施。

2021 年 12 月，水利部、国家发展改革委联合印发《全国水文基础设施建设"十四五"规划》，水利部印发《水文现代化建设规划》。规划明确了水文现代化建设的总体思路和总体布局，确定了建设目标、主要任务和重点项目，是当前和今后一段时期全国水文现代化建设的重要依据。黄委、浙江、广东、云南等强化规划引领，印发实施水文规划。水文现代化建设持续推进，浙江、山东、广东、四川等积极落实投资，新改建一批水文测站，水文监测自动化水平不断提升，福建 80% 以上测站使用现代化设备开展流量监测，湖南建成全国水文系统第一套 X 波段双极化相控阵雷达。

3.水文为打赢洪水防御攻坚战提供有力支撑。

2021 年，黑龙江上游、海河流域卫河上游发生特大洪水，松花江发生流域性较大洪水，长江上游和汉江、黄河中下游、海河南系等流域发生罕见秋汛。全国水文部门认真贯彻党中央国务院领导指示批示精神和水利部党组要求，周密部署，扎实做好备汛工作，精心监测，密切监视雨情水情，强化"四预"措施，汛期共采集雨水情信息 27.2 亿条，抢测洪水 8490 场次，发布洪水预报 44.2 万站次，为打赢洪水防御攻坚战提供有力支撑。长江委、黄委、淮委、海委及浙江、福建、重庆、贵州等省（直辖市）积极开展河湖水文映射试点，构建试点河流（段）数字流域模型，搭建具有"四预"功能的河湖水文映射场景，实现洪水过程的数字流场映射和模拟推演，在洪水防御中得到初步应用，取得预期的效果。

4.水文积极服务抗旱保供水。

面对南方地区冬春连旱、西北地区夏旱和华南地区秋冬旱，水文部门认真贯彻水利部组织部署，密切关注旱情发展趋势，积极发挥技术优势，加强监测，全力做好抗旱水文测报工作。珠江委水文局超前部署珠江流域雨水咸情的预测预报预警，实时监测雨水咸情信息，对雨水咸情进行滚动预报，创新性地形成珠江河口雨水咸情的预测预报体系。广东水文强化低水流量监测，提升测验精度，加强旱情规律分析和重点水库的资料收集，为有效应对东江、韩江和粤东等地的旱情提供了重要支撑，保障了香港、澳门及珠江三角洲城乡供水安全。江西水文多措并举支撑水工程抗旱调度保南昌供水，强化 151 处县级取水水源地监测预警，实地调查全省 974 个千吨万人农村饮水工程，助力防灾减灾取得实效。

5.水质水生态监测工作亮点纷呈。

水利部首次与市场监管总局等五部门联合开展全国检验检测机构监督抽

查，完成"水利水质监测领域10家"国家级资质认定检验检测机构监督检查。水生态监测工作由点到面持续推进，在长江口、黄河河口三角洲湿地、白洋淀等全国248个水域开展水生生物监测与调查，在鄱阳湖创新开展江豚智慧监测，北京对外发布《北京市水生态健康等级指示物种（2021版）》。切实保障群众饮水安全，实施全国93个地级及以上城市饮用水水源地水质摸底监测和监督监测，安徽、湖北、广西、重庆、云南、甘肃等水文部门全年完成近千个农村供水工程饮水点的水质监督性监测，抽检农饮水水样一万余点次。水利部印发《河湖生态流量监测预警技术指南（试行）》，推动建立生态流量监测预警机制。加强对生态流量保障目标管控断面监测和分析评价，湖南生态流量监控系统正式运行，实现对全省66个重要控制断面生态流量的实时监控和预警；广西出台地方标准《河流无实测流量资料断面水量计算规范》，实施37条重点河流47个控制断面生态流量监测预警，按月提供57条河流247个断面水量监测评价信息。

6. 水文担当华北地区河湖生态补水重要尖兵。

海委水文局组织指导北京、天津、河北等水文单位开展华北地区地下水超采治理生态补水水文监测和分析，对补水河段的地表水水量（水位）、水质、水生态和地下水水位等实施全过程监测分析，编制多期监测信息通报，在支撑华北地区河湖生态补水工作中发挥了重要尖兵作用。北京水文参与永定河、潮白河、北运河等多水源、多目标联合调度生态补水工作，通过全过程开展地表水、地下水、水质和水生态多要素联合监测，实时研判分析、动态评价补水效益。河北水文积极配合水利部2021年夏季滹沱河、大清河（白洋淀）生态补水行动，制定水文监测方案，实时跟踪监测水头、补水水量、地表水水质、地下水水位等动态变化情况，完成95处生态补水和40处引黄调水监测断面的水文监测和信息报送，提供了大量监测分析成果。北京、河北水文部门强化冬奥赛区雨水情、水质等监测分析，积极为北京冬奥会筹备提供技术支撑。

7. 地下水监测数据与评价成果在地下水监督管理工作中发挥重要作用。

各级水文部门认真贯彻《地下水管理条例》，不断优化完善地下水监测工作体系，全力保障监测站和地下水监测系统正常运行，国家地下水监测工程持续发挥建设成效。地下水动态监测与分析评价成果已广泛应用，《地下水动态月报》《全国地下水超采区水位变化通报》等信息服务成果，为开展重点区域地下水超采治理、地下水双控管理等工作提供了重要支撑。

8. 正式启动百年水文站认定工作。

为挖掘长期观测水文站宝贵的历史和文化价值，做好水文历史文化遗产的传承与保护，充分发挥其作用，水利部印发了《百年水文站认定办法（试行）》，启动百年水文站认定工作。各流域管理机构和有关省（自治区、直辖市）水行政主管部门积极响应，踊跃开展工作。同时，面向社会开展了百年水文站标识（logo）设计征集活动，共征集到数百件投稿作品，引起社会强烈反响。百年水文站认定工作有利于提高全社会对水文工作认知和保护意识，推动和促进水文事业发展。

9. 全国水文系统多种形式献礼建党 100 周年。

突出抓好党史学习教育，积极做好"我为群众办实事"实践活动，庆祝建党百年活动精彩纷呈，江苏南京分局依托百年老站，在南京潮水位站建成党员实境教育课堂，树立红色地标；湖北水文精心制作献礼建党 100 周年党建宣传片《峰顶浪尖党旗红》；吉林水文举办"颂歌献给党"庆祝建党 100 周年文艺汇演；河南水文制作了庆祝建党百年水文宣传视频，编纂了《水文记忆》，制作出版 2021 年《防汛画册》。在中国共产党成立 100 周年之际，安徽省水文局宣城水文勘测队党支部被中共中央授予"先进基层党组织"荣誉称号，支部书记作为全国先进基层党组织代表参加庆祝中国共产党成立 100 周年全国"两优一先"表彰大会，受到习近平总书记接见并合影。水利部直属水文单位深入开展巡视整改"三对标、一规划"专项行动，扎实进行政治对标、思路对标、任务对标，认真谋划水文事业发展。

10. 水文精神文明和文化建设成果丰硕。

人民日报、新华网及央视等主流媒体多次报道防汛水文测报工作，央视《黄河人家》栏目播出龙门水文站工作纪实。长江委水文职工何涛、李凯、汪卫东获全国五一劳动奖章、全国技术能手、国家技能人才培育突出贡献个人等奖项。广东省水文局佛山水文分局水情科、河南安阳局水质科被评为"全国青年文明号"。湖南益阳水文中心段意花荣获中央文明委授予的"第八届全国道德模范"提名奖。山西大同水文站职工书屋荣获中华全国总工会"职工书屋"称号。湖南省水文中心任美庆荣获水利部授予的"全国水利扶贫先进个人"称号。中国水文专家河海大学余钟波教授当选联合国教科文组织政府间水文计划理事会主席。云南省水文局荣获"全国水利扶贫先进集体"。长江中游水文水资源勘测局等 13 家水文单位获第九届全国水利文明单位称号。海委水文局党支部被水利部评为第一届"水利先锋党支部"。北京市水文总站龚义新荣获"北京大工匠"称号。山东水文全系统 17 家单位实现省部级以上文明单位全覆盖。